国家级中等职业
改革示范校教材

电工基础

DIANGONG JICHU

主编　何洪修　顾宝良

中国科学技术大学出版社

内 容 简 介

本书主要内容包括:电工概述、电路的基本知识、简单直流电路、电容、磁场和磁路、电磁感应、单相交流电路、三相正弦交流电路、电路仿真。各章后附有适量的复习思考题、阅读材料。

本书从中等职业技术学校的实际出发,内容安排前后衔接,突出"够用、实用"的指导思想,浅显易懂。本书可作为职业技术学校电工类专业课程教材,也可作为培训教材。

图书在版编目(CIP)数据

电工基础/何洪修,顾宝良主编. —合肥:中国科学技术大学出版社,2015.3(2021.9 重印)
ISBN 978-7-312-03676-7

Ⅰ.电… Ⅱ.①何… ②顾… Ⅲ.电工学—中等专业学校—教材 Ⅳ.TM1

中国版本图书馆 CIP 数据核字(2015)第 009812 号

出版	中国科学技术大学出版社
	安徽省合肥市金寨路 96 号,230026
	http://press.ustc.edu.cn
	https://zgkxjsdxcbs.tmall.com
印刷	合肥华苑印刷包装有限公司
发行	中国科学技术大学出版社
经销	全国新华书店
开本	787 mm×1092 mm 1/16
印张	11.5
字数	280 千
版次	2015 年 3 月第 1 版
印次	2021 年 9 月第 4 次印刷
定价	25.00 元

前　言

在国家大力发展职业教育的今天,职业学校的教学,在知识结构上强调"够用、实用",在能力结构上突出"岗位能力"与"专业技能"。本教材的编写,充分贯彻和突出上述职业教育的特点,力求适应现代职业教育一体化教学模式。本书在编写过程中认真听取了任课教师和广大读者的意见,为了适应中等职业学校发电厂及变电站电气运行、供用电技术、工业电气化、机电技术应用、电子电器、电子信息技术等专业,为突出应职能力的培养,并结合近年来国家中级维修电工职业资格鉴定和特殊工种技术操作证考核的要求,增加了电工概述和电路仿真两部分内容。本书可作为中等职业教育学校电气类专业教学用书,也可作为电气工作人员的岗位培训教材。

本教材以初中数学、物理知识为基础,浅显易懂,图文并茂,突出基本概念和技能,电路的分析、计算简单易懂。

使用本书授课时,建议按照《电工基础教学大纲》要求,编制好学期授课计划,尽可能采用直观教学和实物教学、多媒体教学、仿真教学等手段,便于学生理解和提高学习效果。

本课程安排在一年级进行,应注意加强学生初中数学知识的基础,例如函数及其图像、正弦函数及其图像等内容。本课程的教学计划课时为100学时(含实验课时)。各章节课时分配建议如下表(供参考):

序号	章　名　称	建议学时
1	电工概述	8
2	电路基本知识	12
3	直流电路	12
4	电容器	6
5	磁场与磁路	10
6	电磁感应	10
7	单向正弦交流电	20
8	三相正弦交流电	12
9	电路仿真	10
合计		100

本教材共分为9章,第1章、第9章由顾宝良老师编写,第2章、第3章1～4节由查东琼老师编写,第4章由寇剑鸿老师编写,第5章、第6章由周雯老师编写,第7章、第8章和第3章5～7节内容由崔柏芬老师编写。教材的统稿工作由顾宝良、何洪修老师完成。

由于编写时间紧促,作者的水平有限,难免存在不当之处,恳请使用本书的师生和相关读者予以批评指正,以便不断改进和提高。同时,对在本书中被直接或间接引用的资料的作者表示衷心的感谢,对于未能在书中标明被引用者姓名和论著出处的表示歉意。

编 者

2014 年 12 月

目　　录

第1章 电工概述

本章简要介绍电工实验实训室电源、常用工具、仪表以及实验室操作规程,触电与触电急救以及电气火灾的防范、扑救等相关知识。

【知识目标】
1. 了解电工实验实训室的电源配置,认识交、直流电源;
2. 认识基本电工仪器仪表及常用电工工具;
3. 了解实训室操作规程和安全电压的规定;
4. 了解人体触电类型及常见原因,掌握防止触电的保护措施;
5. 了解电气火灾的防范及扑救常识。

【技能目标】
1. 会使用低压试电笔;
2. 常用电工工具的使用;
3. 会正确处理电气火灾;
4. 学会从图书资料、网络资源中查找答案。

1.1　认识电工实验实训室

1.1.1　电工实验实训室电源

走进电工实验实训室,你就会看到如图 1-1 所示的电工实验实训台,一般的电工实验实训室操作都可以在操作台上完成。不同的学校操作台型号可能有所不同,但其配置与功能基本相同。

图 1-1　电工实验实训室

电源是为电路提供电能的装置，一般的电工实验实训室都配有多组电源，以满足不同的电工实验实训的需要。电源通常有直流和交流两大类，直流用字母"DC"或符号"－"表示；交流用字母"AC"或符号"～"表示。通常，电工实验实训室中的电源配置有以下几种。

1. 双组直流可调稳压电源

这两组可调直流稳压电源如图 1-2 所示，通过调节电压调节开关，可输出范围在 0～24 V 的电压，通过电流调节开关，可输出范围在 0～2 A 之间的电流。

2. 3～24 V 多挡低压交流电源

3～24 V 多挡低压交流电源输出如图 1-2 所示，通过调节转换开关，可输出 3 V、6 V、9 V、12 V、15 V、18 V、24 V 共 7 个挡位的交流电，频率为 50 Hz。

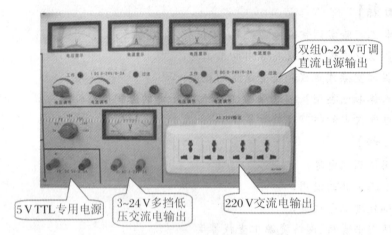

图 1-2　单相交流电源和直流电源配置

3. 单相交流电源

单相交流电源如图 1-2 所示，其中 4 个并列的三孔插座可输出 220 V、50 Hz 的交流电，还带有接地线。

4. TTL 电源

直流 5 V 电源如图 1-2 所示，可输出电压为 5 V、最大电流为 0.5 A 的直流电，是 TTL 集成电路的专用电源。

5. 三相交流电源

三相交流电源输出如图 1-3 所示，其中 U、V、W 为相线（火线），N 为中性线（零线），E

图 1-3　三相交流电源配置

为地线。

三相交流电源除了能提供三相交流电以外,还可以提供两种电压:① 线电压:380 V、50 Hz;② 相电压:220 V、50 Hz。线电压是每两根相线之间的电压,相电压是任一相线与中性线之间的电压。

1.1.2　常用电工工具

常用电工工具:老虎钳、尖嘴钳、斜口钳、剥线钳、螺丝刀、镊子、电工刀、试电笔等。部分电工工具的用途见表 1-1。

表 1-1　常用电工工具

序号	名称	实物图	主要用途
1	钢丝钳(老虎钳)		钢丝钳是一种夹持或折断金属薄片,切断金属丝的工具。电工用钢丝钳的柄部套有绝缘套管(耐压 500 V),其规格用钢丝钳全长的毫米数表示,常用的有 150,175,200 mm 等
2	尖嘴钳		在狭小的工作空间操作,能夹持较小的螺钉、垫圈、导线及电器元件。在安装控制线路时,尖嘴钳能将单股导线弯成接线端子(线鼻子),有刀口的尖嘴钳还可剪断导线、剥削绝缘层
3	断线钳(斜口钳)		主要用于剪断较粗电线、金属丝及电缆
4	剥线钳		用于剥削小直径导线绝缘层,钳口有 0.5~3 mm 多个不同孔径的切口,可以剥削在 6 mm^2 以下不同规格的绝缘层
5	电工刀		用来剥削导线绝缘层,切割木台缺口,削木榫等。剥削导线绝缘层时,注意刀面与导线成小于 45°的锐角,以免削伤线芯

1.1.3　常用电工仪表

电工仪器仪表用于测量电压、电流、电能等电气量,常用的有:电流表、电压表、万用表、示波器、毫伏表、频率计、兆欧表、钳形电流表、信号发生器、单相调压器等。图 1-4 所示的是部分常用电工仪器仪表。

1.1.4　电工实验实训室操作规程

(1) 实验实训前必须做好准备工作,按规定的时间进入实验实训室,到达指定的工位,

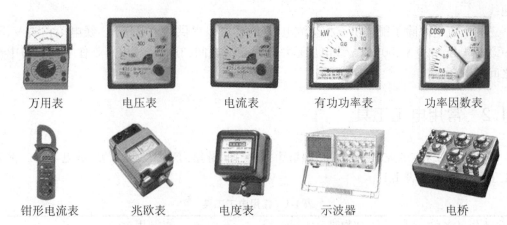

| 万用表 | 电压表 | 电流表 | 有功功率表 | 功率因数表 |

| 钳形电流表 | 兆欧表 | 电度表 | 示波器 | 电桥 |

图 1-4　部分电工仪器仪表

未经同意,不得私自调换。

(2) 不得穿拖鞋进入实验实训室,不得携带食物进入实验实训室,不得让无关人员进入实验实训室,不得在室内喧哗、打闹、随意走动,不得乱摸乱动有关电气设备。

(3) 任何电气设备内部未经过验明无电时,一律视为有电,不准用手触及,任何接、拆线都必须切断电源后方可进行。

(4) 实训前必须检查工具、测量仪表和防护用具是否完好,如发现不安全情况,应立即报告老师,以便及时采取措施;电器设备安装检修后,须经检验方可使用。

(5) 要爱护实验实训工具、仪器仪表、电气设备和公共财物。

(6) 凡因违反操作规程或擅自动用其他仪器设备造成损坏者,由事故人作出书面检查,视情节轻重进行赔偿,并给予批评或处分。

(7) 连接线路前,应检查本组实训设备、仪器仪表和工具等是否齐全和完好,若有缺损,及时报告指导教师。

(8) 按照原理图准确接线。连接电路时,先接用电设备,后接电源;拆电路时与接电路时顺序相反。

(9) 电路接好后,先认真自查,然后必须请指导教师复查线路,确认无误后,才能给实训台送电,绝不允许学生擅自合闸送电。

(10) 实践操作时,思想要高度集中,操作内容必须符合教学内容,不准做任何与实验实训无关的事。

(11) 操作中若遇到异常现象或疑难问题时,应立即切断电源,对本组电源进行认真检查,禁止带电操作。排除故障后,经指导教师同意,方可重新送电。

(12) 保持实验实训室整洁,每次实验实训后都要清理工作场所,做好设备清洁和日常维护工作。经老师同意后方可离开。

1.2　安全用电常识与触电急救

1.2.1　安全用电

1. 安全电压

国家标准《安全电压》(GB/T3805—2008)规定我国安全电压额定值的等级为 42 V、36 V、24 V、12 V 和 6 V,应根据作业场所、操作员条件、使用方式、供电方式、线路状况等因素选用。凡手提照明灯,危险环境和特别危险环境的携带式电动工具,一般采用 42 V 或 36 V 安全电压;凡金属容器内、隧道内、矿井内等工作地点狭窄、行动不便,以及周围有大面积接地导体的环境,应采用 24 V 或 12 V 安全电压;除上述条件外,特别潮湿的环境采用 6 V 安全电压。

2. 安全用电原则

(1) 不靠近高压带电体(室外高压线、变压器旁),不接触低压带电体。

(2) 不用潮湿的手扳开关,插入或拔出插头。

(3) 安装、检修电器应穿绝缘鞋,站在绝缘体上,且要切断电源。

(4) 禁止用铜丝代替保险丝,禁止用橡皮胶代替电工绝缘胶布。

(5) 在电路中安装漏电保护器,并定期检验其灵敏度。

(6) 雷雨时,不使用收音机、录像机、电视机,且拔出电源插头,拔出电视机天线插头。

(7) 严禁私拉乱接电线,禁止学生在寝室使用电炉、"热得快"等电器。

(8) 不在架着电缆、电线的下面放风筝和进行球类活动。

3. 安全用电标志

标志分为颜色标志和图形标志。颜色标志常用来区分各种不同性质、不同用途的导线,或用来表示某处安全程度。图形标志一般用来告诫人们不要去接近有危险的场所。为保证安全用电,必须严格按有关标准使用颜色标志和图形标志。我国安全色标采用的标准,基本上与国际标准草案(ISD)相同。一般采用的安全色有以下几种:

(1) 红色:用来标志禁止、停止和消防,如信号灯、信号旗、机器上的紧急停机按钮等都是用红色来表示"禁止"的信息。

(2) 黄色:用来标志注意危险。如"当心触电""注意安全"等。

(3) 绿色:用来标志安全无事。如"在此工作""已接地"等。

(4) 蓝色:用来标志强制执行,如"必须戴安全帽"等。

(5) 黑色:用来标志图像、文字符号和警告标志的几何图形。

按照规定,为便于识别,防止误操作,确保运行和检修人员的安全,采用不同颜色来区别设备特征。如电气母线,A 相为黄色,B 相为绿色,C 相为红色。

图 1-5 为几种常见的安全标志牌。

4. 安全用电防护

安全用电防护器具很多,图 1-6 为几种常见的防护器具。

图 1-5　几种常见的安全标志牌

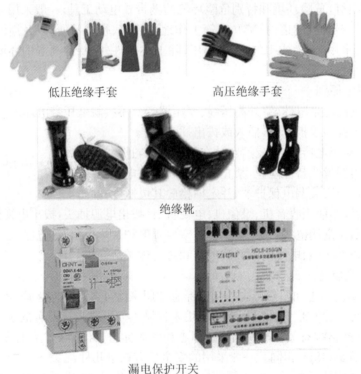

低压绝缘手套　　　　　高压绝缘手套

绝缘靴

漏电保护开关

图 1-6　部分安全防护器具

1.2.2　触电与触电急救

1. 触电

（1）定义：电流通过人体,对人体造成伤害。

（2）电流对人体的伤害：

① 电击,电流对人体内部器官造成伤害。比如:心脏、肺部、神经系统。

② 电伤,对皮肤造成伤害。比如:电弧烧伤、熔化金属溅出烫伤。

③ 电磁场的生理伤害,高频磁场的作用下,人会出现头晕、乏力、记忆力减退、失眠、多梦等神经系统伤害。

(3) 常见的触电形式:如图1-7所示,常见的触电形式有单线触电、两线触电、高压电弧触电和跨步电压触点等。

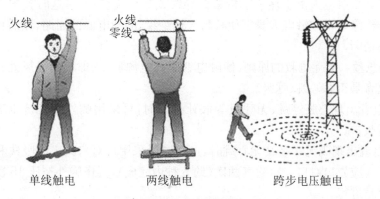

图1-7 触电的形式

2. 触电急救

发现了人身触电事故,发现者一定不要惊慌失措,要动作迅速,救护得当。首先要迅速使触电者脱离电源,其次,立即就地进行现场救护,同时找医生救护。

(1) 脱离电源。具体方法可用"拉""切""挑""拽""垫"五个字来概括。

图1-8 脱离电源的方法

"拉"是指就近拉开电源开关,拔出插销或瓷插熔断器。

"切"是指用带有绝缘柄或干燥木柄的利器切断电源。切断时应注意防止带电导线断落碰触周围人体;对多芯绞合导线也应分相切断,以防短路伤人。

"挑"是指如果导线搭落在触电人身上或压在身下,这时叮用干燥木棍或竹竿等挑开导线,使之脱离开电源。

"拽"是救护人戴上手套或在手上包缠干燥衣服、围巾、帽子等绝缘物拖拽触电人,使其脱离开电源导线。

"垫"是指如果触电人由于痉挛手指紧握导线或导线绕在身上,这时救护人可先用干燥的木板或橡胶绝缘垫塞进触电人身下使其与大地绝缘,隔断电源的通路,然后再采取其他办法把电源线路切断。

(2)现场急救。对症抢救的原则:使触电者脱离电源后,立即移到通风处,并将其仰卧,迅速鉴定触电者是否有心跳、呼吸。

① 当触电者出现心脏停跳、无呼吸等假死现象时,可采用胸外心脏挤压法和口对口人工呼吸法进行救护。

② 当触电者出现既无呼吸又无心跳时,可以同时采用口对口人工呼吸法和胸外心脏挤压法进行救护。应先口对口(鼻)吹气两次(约5秒内完成),再作胸外挤压15次(约10秒内完成),以后交替进行。

图 1-9 触电急救

1.2.3 电气火灾的防范与扑救

1. 防范

(1)要严格按照电力规程进行安装、维修,根据具体环境选用合适的导线和电缆。

(2)强化维修管理,尽量减少人为因素,经常用仪表测量导线的绝缘情况。

(3)要选用合适的安全保护装置。熔断器应装在相线上,同时要在进户电源总开关上安装漏电保护装置。

(4)环境要保持良好的通风、散热条件。

(5)要选择质量过关的家用电器。

(6)不要将众多电器共同连接在一个电源插座上。

2. 扑救

电气火灾一旦发生,首先要切断电源,进行扑救,并及时报警。带电灭火时,切忌用水和泡沫灭火剂,应使用干黄沙、二氧化碳、1211(二氟一氯一溴甲烷)、四氯化碳或干粉等灭火器,如图 1-10 所示。

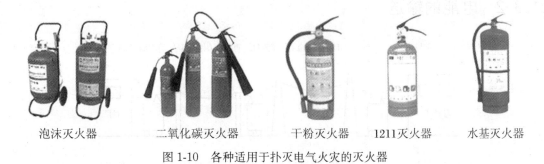

| 泡沫灭火器 | 二氧化碳灭火器 | 干粉灭火器 | 1211灭火器 | 水基灭火器 |

图 1-10 各种适用于扑灭电气火灾的灭火器

1.3 电是从哪里来的

1.3.1 电能的产生

电能在自然界不是自然存在的,而是由其他形式的能量转换而成的,常用的转换装置有风力发电站、水力发电站、火力发电站和核电站,如图 1-11 所示。

| 风力发电站 | 水力发电站 |
| 火力发电站 | 核电站 |

图 1-11 电能的产生

1.3.2 电能的输送

电能从发电厂到用户,要经过升压、输送、降压、配电的过程,如图 1-12 所示。

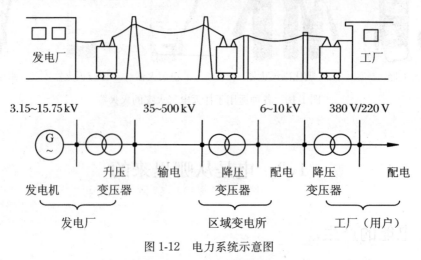

图 1-12　电力系统示意图

阅读与应用

低压验电器又称试电笔,是检验导线、电器是否带电的一种常用工具,检测范围为 50～500 V,有钢笔式、旋具式和组合式多种。

低压验电器由笔尖、降压电阻、氖管、弹簧、笔尾金属体等部分组成,如图 1-13 所示。

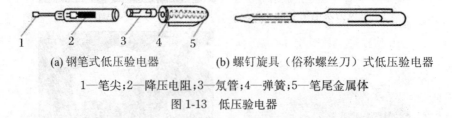

(a) 钢笔式低压验电器　　　　　(b) 螺钉旋具(俗称螺丝刀)式低压验电器

1—笔尖;2—降压电阻;3—氖管;4—弹簧;5—笔尾金属体

图 1-13　低压验电器

使用低压验电器时,必须按照图 1-14 所示的握法操作。注意手指接触笔尾的金属体(钢笔式)或试电笔顶部的金属螺钉(螺钉旋具式)。这样只要带电体与大地之间的电位差超过 50 V 时,电笔中的氖泡就会发光。

低压验电器的使用方法和注意事项:

(1) 使用前,先要在有电的导体上检查电笔是否正常发光,检验其可靠性。

(2) 在明亮的光线下往往不容易看清氖泡的辉光,应注意避光。

(3) 电笔的笔尖虽与螺钉旋具形状相同,但它只能承受很小的扭矩,不能像使用螺钉旋具那样使用,否则会损坏。

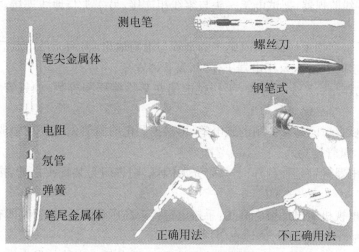

图1-14　低压验电器的握法

低压验电器可以用来区分相线和零线,氖泡发亮的是相线,不亮的是零线。低压验电器也可用来判别接地故障。如果在三相四线制电路中发生单相接地故障,用电笔测试中性线时,氖泡会发亮;在三相三线制线路中,用电笔测试三根相线,如果两相很亮,另一相不亮,则这相可能有接地故障。

低压验电器可用来判断电压的高低。氖泡越暗,则表明电压越低;氖泡越亮,则表明电压越高。

低压验电器(测220 V的试电笔)除能测量物体是否带电外,还能做一些其他的辅助测量。

(1)判断感应电:用一般试电笔测量较长的三相线路时,即使三相交流电源缺一相,也很难判断出是哪一根电源线缺相,原因是线路较长,并行的线与线之间有线间电容存在,使得缺相的某一根导线产生感应电,使电笔氖管发亮。此时可将试电笔的氖管并接一只1 500 pF的小电容(耐压应取大于250 V),这样在测带电线路时,电笔仍可照常发光;如果测得的是感应电,电笔就不亮或微亮,据此可判断出所测得电源是否为感应电。

(2)判别交流电源同相或异相:两只手各持一支试电笔,站在绝缘物体上,把两支笔同时触及待测的两条导线,如果两支试电笔的氖管均不太亮,则表明两条导线是同相,若两支试电笔氖管发出很亮的光,说明两条导线是异相。

(3)区别交流电和直流电:交流电通过试电笔时,氖管中两极会同时发亮;而直流电通过时,氖管里只有一个极发亮。

(4)判别直流电的正负极:把试电笔跨接在直流电的正、负极之间,氖管发亮的一头是负极,不发亮的一头是正极。

(5)用试电笔测知直流电是否接地并判断是正极还是负极接地:在要求对地绝缘的直流装置中,人站在地上用试电笔接触直流电,如果氖管发亮,说明直流电存在接地现象;若氖管不发亮,则不存在直流电接地现象,当试电笔尖端的一极发亮,说明正极接地;若手握笔端的一极发亮,则是负极接地。

(6) 作为零线监视器:把试电笔一头与零线相连接,另一头与地线连接,如果零线断路,氖管即发亮。

(7) 做家用电器指示灯:把试电笔中的氖管与电阻取出,将两元件串联后接在家用电器电源线的火线与零线之间,家用电器工作时,氖管即发亮。

(8) 判别物体是否产生有静电:手持试电笔在某物体周围寻测,如氖管发亮,证明该物体上已有静电。

(9) 粗估电压:自己经常使用的试电笔,可根据测电时氖管发光亮的强弱程度粗估电压高低,电压越高,氖管越亮。

(10) 判断电器接触是否良好:若氖管光源闪烁,则表明为某线头松动、接触不良或电压不稳定。

(11) 判断电视机输出是否有高压:手持电笔接近高压嘴附近,氖管亮即有高压。

试电笔作为螺丝刀使用时的注意事项:

(1) 电工不可使用金属杆直通柄顶的螺丝刀,以避免触电事故的发生。

(2) 用螺丝刀拆卸或紧固带电螺栓时,手不得触及螺丝刀的金属杆,以免发生触电事故。

(3) 为避免螺丝刀的金属杆触及带电体,电工用螺丝刀应在螺丝刀金属杆上套绝缘管。

第2章　电路的基本知识

本章起到承前启后的作用,把物理学知识和本课程联系起来,并为本课程打好基础。

本章有些内容虽已在物理课中学过,但在处理这些内容上与物理课有所不同,本书是从工程观点来阐述的,并不是简单的重复。

【知识目标】

1. 了解电路的组成、电路的三种基本状态和电气设备额定值的意义;
2. 理解电流产生的条件和电流的概念;
3. 了解电阻的概念和电阻与温度的关系,掌握电阻定律;
4. 掌握欧姆定律;
5. 理解电能和电功率的概念。

【技能目标】

1. 掌握电流的计算公式;
2. 掌握焦耳定律以及电能、电功率的计算。

2.1　电　　路

2.1.1　电路

如图 2-1 所示,用开关和导线将干电池和小灯泡连接起来,只要合上开关有电流流过,小灯泡就会亮起来。与此相似,将电风扇接上电源,只要合上开关有电流流过,电风扇就会转起来。像这样电流流通的路径称为电路,即电路是由电源、开关、负载和导线等组成的闭

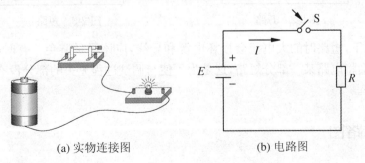

(a) 实物连接图　　　　　　　　(b) 电路图

图 2-1　电路

合回路。

1. 电源

把其他形式的能量转变为电能的装置叫做电源,常见的直流电源有干电池、蓄电池和直流发电机等。

2. 用电器

把电能转变成其他形式能量的装置称为用电器,也常被称为电源的负载,如电灯、电铃、电动机、电炉等。

3. 导线

连接电源与用电器的金属线称为导线,它把电源产生的电能输送到用电器,常用铜、铝等材料制成。

4. 开关

它起到把用电器与电源接通或断开的作用。

2.1.2 电路的状态

电路的状态有如下几种:

1. 通路(闭路)

电路各部分连接成闭合回路,有电流通过(图 2-1)。

2. 开路(断路)

电路断开,电路中没有电流通过(图 2-2)。

3. 短路(捷路)

当电源两端的导线直接相连,这时电源输出的电流不经过负载,只经过连接导线直接流回电源,这种状态称为短路状态,简称短路(图 2-3)。

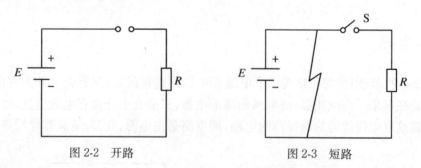

图 2-2 开路   图 2-3 短路

一般情况下,短路时的大电流会损坏电源和导线,应该尽量避免。有时,在调试电子设备的过程中,会将电路某一部分短路,这是为了使与调试过程无关的部分没有电流通过而采取的一种方法。

2.1.3 电路图

在设计、安装或修理各种设备的实际电路时,常要使用表示电路连接情况的图。这种用规定的图形符号表示电路连接情况的图,称为电路图,其图形符号要遵守国家标准。几种常用的标准图形符号,如图 2-4 所示。

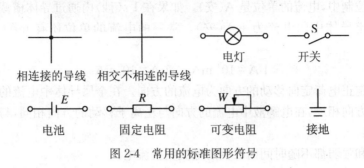

相连接的导线　相交不相连的导线　　电灯　　　开关

电池　　　固定电阻　　　可变电阻　　　接地

图 2-4　常用的标准图形符号

2.2　电　　流

2.2.1　电流的形成

电荷的定向移动形成电流。例如,金属导体中自由电子的定向移动,电解液中正、负离子沿着相反方向的移动,阴极射线管中的电子流等,都会形成电流。

要形成电流,首先要有能自由移动的电荷——自由电荷。但只有自由电荷还不能形成电流,例如,导体中有大量的自由电荷,它们不断地做无规则的热运动,朝任何方向运动的概率都一样。在这种情况下,对导体的任何一个截面来说,在任何一段时间内从截面两侧穿过截面的自由电荷数都相等,从宏观上看,没有电荷的定向移动,因而也没有电流。

如果把导体放进电场内,导体中的自由电荷除了做无规则的热运动外,还要在电场力的作用下做定向移动形成电流,如图 2-5 所示。但由于很快就达到静电平衡状态,电流将消失,导体内部的场强变为零,整块导体成为等电位体。可见要得到持续的电流,就必须设法使导体两端保持一定的电压(电位差),导体内部存在电场,才

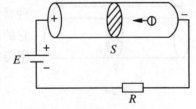

图 2-5　电流的定向移动

能持续不断地推动自由电子做定向移动,这是在导体中形成电流的基本条件。

2.2.2　电流

电流是一种物理现象,也是一个表示带电粒子定向运动强弱的物理量。电流的大小为通过导体横截面的电荷量与通过这些电荷量所用时间的比值,如果在时间 t 内通过导体横截面的电荷量为 q,那么,电流

$$I = \frac{q}{t}$$

在国际单位制中,电流的单位是 A(安)。如果在 1 s(秒)内通过导体横截面的电荷量是 1 C(库),则规定导体中的电流为 1 A(安)。常用的电流的单位还有 mA(毫安),μA(微安)等。

$$1\ \mathrm{A} = 10^3\ \mathrm{mA}, \quad 1\ \mathrm{A} = 10^6\ \mu\mathrm{A}$$

习惯上规定正电荷定向移动的方向为电流的方向。在金属导体中电流的方向与自由电子定向移动的方向相反,在电解液中电流的方向与正离子移动的方向相同,与负离子移动的方向相反。

电流方向和强弱都不随时间而改变的电流叫直流电。

2.3 电　阻

2.3.1 电阻

金属导体中的电流是自由电子定向移动形成的。自由电子在运动中要跟金属正离子频繁碰撞,每秒的碰撞次数高达 10^{15} 左右。这种碰撞阻碍了自由电子的定向移动,表示这种阻碍作用的物理量叫做电阻。不但金属导体有电阻,其他物体也有电阻。

导体电阻的大小是由它本身的物理条件决定的。一般由它的长短、粗细、材料的性质和温度决定。

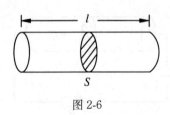

图 2-6

在保持温度(如 20 ℃)不变的条件下,实验结果表明,用同种材料制成的横截面积相等而长度不相等的导线,其电阻与它的长度 l 成正比;长度相等而横截面积不相等的导线,其电阻与它的横截面积 S 成反比(图 2-6),即

$$R = \rho \frac{l}{S}$$

上式称为电阻定律。式中,比例系数 ρ 为导体的电阻率,单位是 Ω·m(欧·米)。ρ 与导体的几何形状无关,而与导体材料的性质和导体所处的条件,如温度等有关。R、l、S 的单位分别是 Ω(欧)、m(米)和 m²(平方米)。

不同的物质有不同的电阻率,电阻率的大小反映了各种材料导电性能的好坏,电阻率越大,表示导电性能越差。通常将电阻率小于 10^{-6} Ω·m 的材料称为导体,如金属;电阻率大于 10^7 Ω·m 的材料称为绝缘体,如石英、塑料等;而电阻率的大小介于导体和绝缘体之间的材料,称为半导体,如锗、硅等。导线的电阻要尽可能的小,各种导线都用铜、铝等电阻率小的纯金属制成。而为了安全,电工用具上都安装有用橡胶、木头等电阻率很大的绝缘体制作的把、套。表 2-1 列出了几种常用材料的电阻率。

表 2-1　常用材料的电阻率

材 料 名 称		电阻率 ρ $[\Omega \cdot m](20\,℃)$	电阻温度系数 α $[1/℃]$
导体	银	$1.6×10^{-8}$	$3.6×10^{-3}$
	铜	$1.7×10^{-8}$	$4.1×10^{-3}$
	铝	$2.8×10^{-8}$	$4.2×10^{-3}$
	钨	$5.5×10^{-8}$	$4.4×10^{-3}$
	镍	$7.3×10^{-8}$	$6.2×10^{-3}$
	铁	$9.8×10^{-8}$	$6.2×10^{-3}$
	锡	$1.14×10^{-7}$	$4.4×10^{-3}$
	铂	$1.05×10^{-7}$	$4.O×10^{-3}$
	锰铜(85%铜＋3%镍＋12%锰)	$(4.2～4.8)×10^{-7}$	$≈0.6×10^{-5}$
	康铜(58.8%＋40%镍＋1.2%锰)	$(4.8～5.2)×10^{-7}$	$≈0.5×10^{-5}$
	镍铬丝(67.5%镍＋15%铬＋16%碳＋1.5%锰)	$(1.0～1.2)×10^{-6}$	$≈15×10^{-5}$
	铁铬铝	$(1.3～1.4)×10^{-6}$	$≈5×10^{-5}$
半导体	纯碳	$3.5×10^{-5}$	$-0.5×10^{-3}$
	纯锗	0.60	
	纯硅	2300	
绝缘体	塑料	$10^{15}～10^{16}$	
	陶瓷	$10^{12}～10^{13}$	
	云母	$10^{11}～10^{15}$	
	石英(熔凝的)	$75×10^{16}$	
	玻璃	$10^{10}～10^{14}$	
	琥珀	$5×10^{14}$	

2.3.2　电阻与温度的关系

温度对导体电阻的影响:(1) 温度升高,使物质分子的热运动加剧,带电质点的碰撞次数增加,即自由电子的移动受到的阻碍增加;(2) 温度升高,使物质中带电质点数目增多,更容易导电。随着温度的升高,导体的电阻究竟是增大了,还是减小了,要看哪一种因素的作用占主要地位。

一般金属导体中,自由电子数目几乎不随温度变化,而带电粒子的碰撞次数却随温度的升高而增多,因此温度升高时,其电阻增大。温度每升高 1 ℃时,一般金属导体电阻的增加量约为千分之三至千分之六。所以,温度变化小时,金属导体电阻可认为是不变的。但当温度变化大时,电阻的变化就不可忽视。例如,40 W 白炽电灯的灯丝电阻在不发光时约 100 Ω,正常发光时,灯丝温度可达 2 000 ℃以上,这时的电阻超过 1 kΩ,即超过原来的 10 倍。

利用这一特性,可制成电阻温度计,这种温度计的测量范围为 - 263～1 000 ℃(常用铂丝制成)。

少数合金的电阻,几乎不受温度的影响,常用于制造标准电阻器。

在极低温(接近于绝对零度)状态下,有些金属(一些合金和金属的化合物)电阻突然变为零,这种现象叫做超导现象。对超导材料的研究是现代物理学中很重要的课题,目前科研人员正致力于提高超导体的温度,以扩大它的应用范围。

必须指出,不同的材料因温度变化而引起的电阻变化是不同的,同一导体在不同的温度下有不同的电阻,也就有不同的电阻率。表2-1列出的电阻率是20℃时的值。

温度每升高1℃时电阻所变动的数值与原来电阻值的比,称为电阻的温度系数,以字母 α 表示,单位为1/℃。

如果在温度为 t_1 时,导体的电阻为 R_1,在温度为 t_2 时,导体的电阻为 R_2,则电阻的温度系数

$$\alpha = \frac{R_2 - R_1}{R_1(t_2 - t_1)}, \quad R_2 = R_1[1 + \alpha(t_2 - t_1)]$$

表2-1所列的 α 值是导体在某一温度范围内温度系数的平均值。并不是任何初始温度下,每升高1℃都有相同比例的电阻变化,上述公式只是近似的表达式。

2.4 部分电路欧姆定律

2.4.1 欧姆定律

如前所述,在导体两端加上电压后,导体中才有持续的电流,那么,所加的电压与导体中的电流又有什么关系呢? 通过实验可得到下述结论:导体中的电流与它两端的电压成正比,与它的电阻成反比,这就是部分电路的欧姆定律。用 I 表示通过导体的电流,U 表示导体两端的电压,R 表示导体的电阻,欧姆定律可以写成如下的公式:

$$I = \frac{U}{R} \quad \text{或} \quad U = RI$$

公式中的比例恒量为1,因为在国际单位制中是这样规定电阻单位的:如果某段导体两端加电压是1 V,通过它的电流是1 A时,这段导体的电阻就是1 Ω。所以,在应用欧姆定律时,要注意 U、I、R 的单位应分别用 V、A、Ω。

2.4.2 伏安特性曲线

如果以电压为横坐标,电流为纵坐标,可画出电阻的 U-I 关系曲线,称为电阻元件的伏安特性曲线,如图2-7所示。

电阻元件的伏安特性曲线是直线时,称为线性电阻。即此电阻元件的电阻值 R 可以认为是常数,直线斜率的倒数表示该电阻元件的电阻值。如果不是直线,则称为非线性电阻。通常所说的电阻都是指线性电阻。

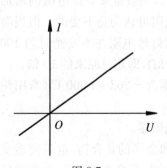

图2-7

2.5　电能和电功率

2.5.1　电能

在导体两端加上电压,导体内就建立了电场。电场力在推动自由电子定向移动中要做功。设导体两端的电压为 U,通过导体横截面的电荷量为 q,电场力所做的功即电路所消耗的电能 $W = qU$,由于 $q = It$,所以

$$W = UIt$$

式中 W、U、I、t 的单位应分别是 J(焦)、V(伏)、A(安)、s(秒)。在实际应用中常以 kW·h (千瓦时,俗称度)作为电能的单位。

$$1 度 = 1\ kW·h = 3.6 \times 10^6\ J$$

电流做功的过程实际上是电能转化为其他形式能的过程。例如,电流通过电炉做功,电能转化为热能;电流通过电动机做功,电能转化为机械能;电流通过电解槽做功,电能转化为化学能。

2.5.2　电功率

在一段时间内,电路产生或消耗的电能与时间的比值叫做电功率。用 P 表示电功率,那么

$$P = \frac{W}{t} \quad 或 \quad P = UI$$

式中,P、U、I 的单位应分别是 W(瓦)、V(伏)、A(安)。

可见,一段电路上的电功率,跟这段电路两端的电压和电路中的电流成正比。用电器上标明的电功率和电压,叫做用电器的额定功率和额定电压。如果给它加上额定电压,它的功率就是额定功率,这时用电器正常工作。根据额定功率和额定电压,可以很容易地算出用电器的额定电流。例如,220 V、40 W 灯泡的额定电流就是 $\frac{40}{220}$ A≈0.18 A。加在用电器上的电压改变,它的功率也随着改变。

【例题】　有一 220 V、40 W 的白炽灯,接在 220 V 的供电线路上,求取用的电流多大?若平均每天使用 2.5 h(小时),电价是每千瓦时 0.42 元,求每月(以 30 天计)应付出的电费。

　　解　因为 $P = UI$,所以

$$I = \frac{P}{U} = \frac{40}{220}\ A \approx 0.18\ A$$

每月用电时间为

$$2.5 \times 30\ h = 75\ h$$

每月消耗电能为
$$W = Pt = 0.04 \times 75 \, \text{kW} \cdot \text{h} = 3 \, \text{kW} \cdot \text{h}$$
每月应付电费为
$$0.42 \times 3 \, 元 = 1.26 \, 元$$

2.5.3　焦耳定律

电流通过金属导体的时候,做定向移动的自由电子要频繁地跟金属正离子碰撞。由于这种碰撞,电子在电场力的加速作用下获得的动能不断传递给金属正离子,使金属正离子的热振动加剧,于是通电导体的内能增加,温度升高,这就是电流的热效应。

实验结果表明:电流通过导体产生的热量,跟电流的平方、导体的电阻和通电时间成正比,这就是焦耳定律。用 Q 表示热量,I 表示电流,R 表示电阻,t 表示时间,焦耳定律公式可写成:
$$Q = KRI^2 t$$
式中,K 是比例恒量,Q 用 J 作单位,I、R、t 分别用 A、Ω、s 作单位,若 K 的数值是 1,上式可表示为
$$Q = RI^2 t$$

阅读与应用

一、电荷

1. 电荷

物质结构理论告诉我们,物质由分子组成,分子由原子组成,原子由带正电的原子核和绕核运动的电子组成。原子核由质子和中子组成,质子带正电,中子不带电,电子带负电,原子中质子所带的正电和电子所带的负电量总是相等的。通常情况下,原子对外呈现电中性,因而由原子构成的物质表现为不带电。但是,如果由于某种原因(如两个物体之间的摩擦——这种使物体带电的过程叫摩擦起电;或将一个不带电的物体靠近另一个带电的物体使之感应——这种使物体带电的过程叫感应起电,它们是使物体带电的两种基本方法),使物体失去电子或得到电子,那么物体的电中性就遭到了破坏,原来中性的物体就带了电。带了电的物体叫带电体,带电体所带电荷的多少叫电量,通常用 Q 或 q 表示。我们把微小的带电粒子叫做电荷。

实验表明,物体所带电荷有两种:正电荷和负电荷。正电荷产生的电场,与距离的平方成反比,方向朝外。负电荷产生的电场,与距离的平方成反比,方向朝内。电场是存在于电荷周围能传递电荷与电荷之间相互作用的物理场。在电荷周围总有电场存在;同时电场对场中其他电荷发生力或能的作用,如图 2-8。电量的单位是库仑(用 C 表示),1 库仑就是电

流强度为 1 安培时每秒钟通过导体任一截面的电量。根据实验测定,电子所带电量为 $-e$,质子所带电量为 $+e$(其中 $e=1.6\times10^{-19}$ 库仑)。即一个物体所带电荷的多少只能是 e 的整数倍,有

$$q = ne \quad (n = 0, \pm 1, \pm 2, \cdots)$$

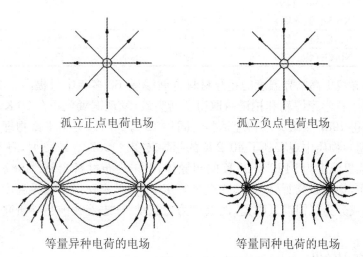

孤立正点电荷电场　　　　　　　　　　孤立负点电荷电场

等量异种电荷的电场　　　　　　　　　等量同种电荷的电场

图 2-8　点电荷及其周围电场

2. 电荷守恒定律

物体在带电过程中,总是伴随着电荷的转移。在摩擦起电过程中,电荷从一个物体转移到了另一个物体,结果使两个物体带上了等量异号电荷;在感应起电过程中,电荷从物体的一个部分转移到了物体的另一个部分,结果使物体的两个不同部分出现了等量异号电荷。相反,当两种等量异号电荷相遇时,它们互相中和,物体就不带电了。大量实验表明:电荷既不能被创造,也不能被消灭,它们只能从一个物体转移到另一个物体,或从物体的一部分转移到另一部分,在任何物理过程中电荷的代数和总是守恒的,这个结论叫电荷守恒定律。它不仅在一切宏观过程中成立,而且在一切微观过程中也是成立,它是物理学的定律之一。

二、超导现象简介

1. 超导体

某些物质在低温条件下呈现电阻等于零和排斥磁体的性质,这种物质称为超导体。出现零电阻时的温度称为临界温度。

超导现象是 1911 年荷兰物理学家昂尼斯测量汞在低温下的导电情况时发现的。当温度低于 4.2 K 时,汞的电阻突然下降为零,这就是超导现象。从此揭开了人类认识超导性的第一页,昂尼斯因此获得了 1913 年诺贝尔物理学奖。

2. 超导技术的发展

对超导体的研究,是当今科研项目中最热门的课题之一,其内容主要集中在寻找更高临界温度的超导材料和研究超导体的实际应用上。

表 2-2 列出了 20 世纪 70 年代以前陆续发现的一些超导材料。

表 2-2　超导材料

物质	观测年代	临界温度/K
Hg(汞)	1911	4.2
Nb(铌)	1930	9.2
V_3Si(钒三硅)	1954	17.1
Nb_3Sn(铌三锡)	1954	18.1
Nb_3Ca(铌三镓)	1971	20.3
Nb_3Ge(铌三锗)	1973	23.2

由此可见,寻找更高临界温度的超导材料进展缓慢,60多年中只提高了19 K。但1986年4月,两位瑞士科学家缪勒和柏诺兹取得了新突破,发现铜氧化物在30 K条件下存在超导性,并因此获得1987年诺贝尔物理学奖。同年12月25日,美国华裔物理学家朱经武等也在这种新的超导物质中观察到了40.2 K的超导转变。1987年1~2月,日本、美国的科学家又相继发现临界温度为54 K和98 K的超导体,但未公布材料成分。1987年2月24日,我国科学院宣布,物理研究所赵忠贤、陈立泉等13位科学家获得了临界温度达100 K以上的超导体,材料成分为钇钡铜氧陶瓷,使世界为之震动,标志着我国超导研究已跃居世界先进行列。

3. 超导技术的应用

超导技术的应用大致可分为超导输电、强磁应用和弱磁应用三个方面。

(1) 超导输电。常规导线传输电流时,电能损耗是较为严重的,为了提高输电容量,通常采用的方法是向超高压输电方向发展,但超高压输电时介质损耗增大,效率也较低。由于超导体可以无损耗地传输直流电,而且目前对超导材料的研究已能使交流损耗降到很低的水平,所以,利用超导体制成的电缆,将会节省大量能源,提高输电容量,将为电力工业带来一场根本性的革命。

(2) 强磁应用。生产与科研中常常需要很强的磁场,常规线圈由于导线有电阻,损耗很大,为了获得强磁场,就需提供很大的能源来补偿这一损耗;而当电流大到一定程度的,就会烧毁线圈。利用超导体制成的线圈就能克服这种问题而获得强大的磁场。

1987年美国制造出超导电动机,之后,苏联制造出了功率为30万千瓦的超导发电机,日本制造出超导电磁推动船,我国第一辆磁悬浮列车2003年在上海运行,这些都是超导强磁应用的实例。

(3) 弱磁应用。超导弱磁应用的基础是约塞夫森效应。1962年,英国物理学家约塞夫森指出"超导结"(两片超导薄膜间夹一层很薄的绝缘层)具有一系列奇特的性质,例如,超导体的电子对能穿过绝缘层,称为隧道效应;在绝缘层两边电压为零的情况下,会产生直流超导电流;而在绝缘层两边加一定直流电压时,会产生特定频率的交流超导电流。从此,一门新的学科——超导电子学诞生了。

电子计算机的发展经历了电子管、晶体管、集成电路和大规模集成电路阶段,运算速度和可靠性不断提高。应用约塞夫森效应制成的开关元件,其开关速度比半导体集成电路快10~20倍,而功耗仅为半导体集成电路的千分之一左右,利用它将能制成运算快、容量大、体积小、功耗低的新一代计算机。

此外,约塞夫森效应在超导通信、传感器、磁力共振诊断等方面也得到广泛应用,必将引起电子工业的深刻变革。

三、导线和绝缘材料

1. 导线

导线大致可分为带绝缘保护层和不带绝缘保护层两类。带绝缘保护层的导线称为绝缘导线,不带绝缘保护层的导线称为裸线。

绝缘导线的种类有:橡铜线、橡铝线、塑铜线、塑铝线、橡套线、塑套线等。照明电路中使用的是绝缘导线,主要品种有:

氯丁橡皮绝缘导线,截面积有 $1\ mm^2$、$1.5\ mm^2$、$2.5\ mm^2$ 等多种,主要用于户内外照明电路干线。

塑铜线和塑铝线,截面积有 $1\ mm^2$、$1.5\ mm^2$、$2.5\ mm^2$ 等多种,主要用于户内照明电路干线。

塑料平行线和塑料绞型线,截面积有 $0.2\ mm^2$、$0.5\ mm^2$、$1\ mm^2$ 等多种,主要用作连接可移动电器的电源线。

在 220 V 交流电压照明电路中使用的电器,每千瓦对应的额定电流约为 4.5 A。对一定型号导线的每一种标准截面,都规定了最大的允许持续电流,选用导线时,可查阅电工手册。

2. 绝缘材料

绝缘材料的主要作用是隔离带电的或不同电位的导体,使电流能按指定方向流动。在某些场合下,绝缘材料往往还起机械支撑、保护导体等作用。

绝缘材料在使用过程中,由于各种因素的长期作用,会发生化学变化和物理变化,使其电气性能和机械性能变坏,这种变化称为老化。影响绝缘材料老化的因素很多,但主要是热因素,使用时温度过高会加速绝缘材料的老化过程。因此,对各种绝缘材料都规定它们在使用过程中的极限温度,以延缓它的老化过程,保证电工产品的使用寿命。例如,对外层带绝缘层的导线,就应远离热源。当绝缘导线老化时,若用手弯折,会使导线绝缘层出现裂纹,对于这样的导线不要勉强使用,必须立即更换,避免造成短路事故或危及人身安全。

几种常用绝缘材料的名称、用途及使用注意事项介绍如下:

(1) 橡胶。电工用橡胶不是天然橡胶,而是指经过加工的人工合成的橡胶,如制成导线的绝缘皮、电工穿的绝缘鞋、戴的绝缘手套等。测定橡胶的耐压能力是以电击穿强度(kV/mm)为依据的。

使用橡胶制品时要注意防止出现硬伤,如安装电线时由于线皮与其他物体磨、刮而造成损伤,电工用的绝缘鞋和绝缘手套不慎扎伤等,都会降低橡胶的绝缘强度,这样带电作业时,非常容易造成事故。

(2) 塑料。电工用塑料主要指聚氯乙烯塑料,如制作配电箱内固定电气元件的底板、电气开关的外壳、导线的绝缘皮等。测定塑料绝缘物的耐压能力也是以电击穿强度(kV/mm)为依据的。

在 500 V 电压以下,处理导线的接头,可以用塑料带作内层绝缘,外层再包黑胶布,为提高绝缘性能,黑胶布要绕三层。使用塑料制品的电工材料,要注意塑料耐热性差,受热容易变形等缺点,尽量远离热源。

（3）绝缘纸。电工使用的绝缘纸是经过特殊工艺加工制成的,也有用绝缘纸制成的绝缘纸板。绝缘纸主要用在电容器中作绝缘介质,绕制变压器时作层间绝缘等。

用绝缘纸或绝缘纸板作绝缘材料,制成电工器材后,要浸渍绝缘漆,加强防潮性能和绝缘性能。

（4）棉、麻、丝制品。棉布、丝绸浸渍绝缘漆后,可制成绝缘板或绝缘布。棉布带和亚麻布带是捆扎电动机、变压器线圈必不可少的材料,黑胶布就是白布带浸渍沥青胶制成的。

使用漆布、漆绸时,由于材料较脆,不宜硬折。

四、电阻器

1. 电阻器的作用和分类

电阻器是一种消耗电能的元件,在电路中用于控制电压、电流的大小,或与电容器和电感器组成具有特殊功能的电路等。

为了适应不同电路和不同工作条件的需要,电阻器的品种规格很多,按外形结构可分为固定式和可变式两大类,图 2-9 示出了一些常见固定电阻器和可变电阻器。固定电阻器主要用于阻值不需要变动的电路;可变电阻器,即电位器,主要用于阻值需要经常变动的电路;半可变电阻器,通常称为微调电位器或微调电阻器,主要用于阻值有时需要变动但不必经常变动的电路。

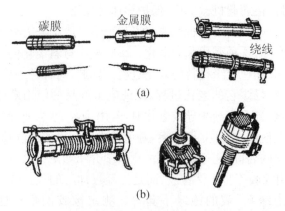

图 2-9 常见固定电阻器和可变电阻器

电阻器按制造材料可分为膜式(碳膜、金属膜等)和金属线绕式两类。膜式电阻器的阻值范围较大,可从零点几欧到几十兆欧,但功率不大,一般为几瓦;金属线绕式电阻器正好与其相反,其阻值范围较小,但功率较大。按电阻器的特性,还可进一步分成高精度、高稳定性、高阻、高压、高频及各种敏感型电阻器。常见的敏感型电阻器有热敏电阻器、光敏电阻器、压敏电阻器等。

2. 电阻器的主要参数

电阻器的参数很多,在实际应用中,一般常考虑标称阻值、允许误差和额定功率三项参数。

（1）标称阻值。电阻器的标称阻值是指电阻器表面所标的阻值,它是按国家规定的阻值系列标注的,因此,选用电阻器时必须按国家对电阻器的标称阻值范围进行选用。

（2）允许误差。电阻器的实际阻值并不完全与标称阻值相等,存在误差。实际阻值与标称阻值之差,除以标称阻值所得的百分数就是电阻器的误差。普通电阻器的允许误差一般分为三级,即±5%、±10%、±20%。

电阻器的标称阻值和允许误差一般都直接标注在电阻体的表面上,体积小的电阻器则用文字符号法或色标法表示。

电阻器的色环通常有四道,其中三道相距较近,作为阻值标注,另一道距前三道较远,作为误差标注,如图2-10所示。色环颜色的电阻标注见表 2-3,色环的误差标注见表 2-4。

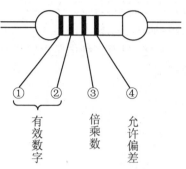

图 2-10　电阻器的色环

表 2-3　色环的颜色及对应的电阻标注

颜色	棕	红	橙	黄	绿	蓝	紫	灰	白	黑
数码	1	2	3	4	5	6	7	8	9	0

表 2-4　色环的误差标注

颜色	金	银	无色
误差	±5%	±10%	±20%

第一道、第二道各代表一位数字,第三道则代表零的个数。例如,某色环电阻第一道为棕色,第二道为红色,第三道为橙色,查表可知,此电阻为 12 kΩ。

（3）额定功率。电阻器接入电路后,通过电流时便要发热,如果电阻器的温度过高就会将其烧毁。通常在规定的气压、温度条件下,电阻器长期工作时所允许承受的最大电功率称为额定功率。一般情况下,所选用电阻器的额定功率应大于实际消耗功率的两倍左右,以保证电阻器的可靠性。

五、电功和电热的关系

电流通过电路时要做功,同时,一般电路都是有电阻的,因此,电流通过电路时也要发热。那么,电流做的功与它产生的热之间,又有什么关系呢? 如果电路中只含有电阻,即所谓纯电阻电路,由于 $U = RI$,因此,$UIt = RI^2 t$。这就是说,电流所做的功 UIt 与产生的热量 $RI^2 t$ 是相等的,在这种情况下电能完全转化为电路的热能,这时电功的公式也可写成

$$W = RI^2 t = \frac{U^2}{R}t$$

如果不是纯电阻电路,电路中还包含电动机、电解槽等用电器,那么,电能除部分转化为热能外,还要转化为机械能、化学能等。这时电功仍然等于 UIt,产生的热量仍然等于 $RI^2 t$,但电流所做的功已不再等于产生的热量,而是大于这个热量。电路两端的电压 U 也

不再等于RI,而是大于RI了。在这种情况下,就不能用RI^2t或$\dfrac{U^2}{R}t$来计算电功。

例如,一台电动机,额定电压是110 V,电阻是0.4 Ω,在正常工作时,通过的电流是5 A,每秒内电流做的功是$W = UIt = 550$ J,每秒内产生的热量是$Q = RI^2t = 10$ J,电功比电热大很多,加在电动机上的电压$U = 100$ V,而$RI = 2$ V,U比RI也大很多。

总之,只有在纯电阻电路里,电功才等于电热。在非纯电阻电路里,要注意电功和电热的区别。

本 章 小 结

1. 电路是由电源、用电器、导线和开关等组成的闭合回路。电路的作用是实现电能的传输和转换。

2. 电荷的定向移动形成电流。电路中有持续电流的条件是:

(1) 电路为闭合通路(回路)。

(2) 电路两端存在电压,电源的作用是为电路提供持续的电压。

3. 电流的大小等于通过导体横截面的电荷量与通过这些电荷量所用时间的比值,即

$$I = \frac{q}{t}$$

4. 电阻是表示元件对电流呈现阻碍作用大小的物理量。在一定温度下,导体的电阻和它的长度成正比,而和它的横截面积成反比,即

$$R = \rho \frac{l}{S}$$

式中,ρ是一个反映材料导电性能的物理量,称为电阻率。此外,导体的电阻还与温度有关。

5. 部分电路欧姆定律反映了电流、电压、电阻三者之间的关系,其规律为

$$I = \frac{U}{R}$$

6. 电流通过用电器时,将电能转化为其他形式的能。

转换电能的计算:$W = UIt$。

电功率的计算:$P = UI$。

电热的计算:$Q = RI^2t$。

习　　题

1. 有一根导线每小时通过其横截面的电荷量为900 C,问通过导线的电流多大? 合多

少毫安? 多少微安?

2. 一根实验用的铜导线,它的截面积为 1.5 mm²,长度为 0.5 m,计算该导线的电阻值 (温度为 20 ℃)。

3. 有一个电炉,它的炉丝长 50 m,炉丝用镍铬丝,若炉丝电阻为 50 Ω,问这根炉丝的截面积是多大(镍铬丝的电阻率取 $1.1×10^6$ Ω·m)?

4. 铜导线长 100 m,横截面积为 0.1 mm²,试求该导线在 50 ℃ 时的电阻值。

5. 为了测定电动机运行时的温度,测量出工作前电动机绕组的电阻值为 0.15 Ω(环境温度以 20 ℃ 计),运行一段时间后,电阻值为 0.17 Ω,求此时电动机内部的温度(电动机绕组用铜导线绕制而成)。

6. 有一个电阻,两端加上 50 mV 电压时,电流为 10 mA;当两端加上 10 V 电压时,电流值是多少?

7. 电阻中的电流随两端电压而变化,如果电阻为 5 Ω,作出电流随电压变化的曲线。电阻增大到 10 Ω,曲线将如何变化? 电阻减小到 2.5 Ω,曲线又将如何变化?

8. 有一根康铜丝,横截面积为 0.1 mm²,长度为 1.2 m,在它的两端加 0.6 V 电压时,通过它的电流正好是 0.1 A,求这种康铜丝的电阻率。

9. 用横截面积为 0.6 mm²、200 m 的铜线绕制一个线圈,这个线圈允许通过的最大电流是 8 A,这个线圈两端至多能加多高的电压?

10. 某礼堂有 40 盏电灯,每个灯泡的功率为 100 W,问全部灯泡点亮 2 h(时)消耗的电能为多少千瓦时?

11. 一个 1 kW、220 V 的电炉,正常工作时电流是多大? 如果不考虑温度对电阻的影响把它接在 110 V 的电压上,它的功率将是多少?

12. 试求阻值为 2 MΩ 额定功率为 1/4 W 的电阻器所允许的工作电流和电压。

13. 什么是用电器的额定电压和额定功率? 当加在用电器上的电压低于额定电压时,用电器的实际功率还等于额定功率吗? 为什么?

第3章　简单直流电路

直流电路和正弦交流电路是实际中用得最多的两种电路。本章学习的直流电路是在上一章电路基本知识的基础上展开的。本章着重学习简单直流电路的基本分析方法及计算。这些计算都是建立在许多重要概念基础上的,所以,必须要在理解基本概念的基础上来进行电路的分析和计算。

【知识目标】

1. 理解电动势、端电压、电位的概念,掌握闭合电路的欧姆定律;

2. 掌握串、并联电路的性质和作用,理解串联分压、并联分流和功率分配的原理,掌握电压表和电流表扩大量程的方法和计算,掌握简单混联电路的分析和计算;

3. 了解万用电表的构造,基本原理。

【技能目标】

1. 掌握电阻的测量方法,以及产生测量误差原因的分析方法;

2. 正确使用万用表。

3.1　电动势闭合电路的欧姆定律

3.1.1　电动势

电路中要有电流通过,就必须在它的两端保持电压。干电池、蓄电池、发电机等电源,能够在电路中产生和保持电压。下面讨论电源是怎样产生这种作用的。

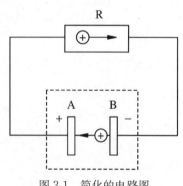

图 3-1　简化的电路图

图 3-1 是一个简化了的带有电源的电路示意图。虚线框内是电源,A 是电源的正极,B 是电源的负极,R 是用电器。电源外部的电路叫外电路,电源内部的电路叫内电路。

电源的工作就是把正电荷从 B 极移送到 A 极,或者把负电荷从 A 极移送到 B 极。为了使问题简化,我们只讨论把正电荷从 B 极移送到 A 极的情形。把正电荷从 B 极取走,B 极上就出现了等量的负电荷。要把正电荷送到 A 极,一定要有一种力来反抗正负电荷间的静电引力,这种力一定不是静电力,就称为非静电力。不同电源的非静电力的来源可以不同,干电池和蓄电池的非静电力来自化学作用,发电机的非静电力来自电磁作用。

非静电力把正电荷移送到 A 极,A 极就有了多余的正电荷,B 极就有了等量的负电荷。于是在电源内部形成了电场。这个电场是阻碍正电荷从 B 极移到 A 极的,两极上的异种电荷越多,阻碍正电荷从 B 极移到 A 极的静电力就越大。如果外电路是断开的,当两极上的异种电荷达到一定值时,静电力和非静电力对电荷的作用达到平衡,正电荷从 B 极移到 A 极的过程停止,这时电源两极间就建立了一定的电压。如果使外电路闭合,在外电路中也形成了电场,正电荷就要通过外电路从 A 极移到 B 极,在那里跟负电荷中和。于是两极的电荷减少,电源内部的电场减弱,静电力和非静电力的平衡受到破坏,在电源内部又出现把正电荷从 B 极移到 A 极的过程。这个过程使电源两极保持一定的电压,使电路中有持续电流通过。

非静电力在电源内部把正电荷从负极移到正极,是要做功的。这个做功的过程,实际上就是把其他形式的能转化为电能的过程。因此,从能量转化观点来看,电源就是把其他形式的能转化为电能的装置。例如,电池是把化学能转化为电能的装置,发电机是把机械能转化为电能的装置。

对于同一个电源来说,非静电力把一定量的正电荷从负极移送到正极所做的功是一定的。但对不同的电源来说,把同样多的正电荷从负极移送到正极所做的功,一般是不同的。在移送电荷量相等的情况下,非静电力做的功越多,电源把其他形式的能转化为电能的本领也越大。电源的这种本领,可用电动势来表示。

非静电力把正电荷从负极经电源内部移送到正极所做的功与被移送的电荷量的比值,叫做电源的电动势,用字母 E 表示。如果被移送的电荷量为 q,非静电力做的功为 W,那么电动势

$$E = \frac{W}{q}$$

式中,W、q 的单位分别是 J、C。电动势 E 的单位跟电位、电压的单位相同,是 V。每个电源的电动势都是由电源本身决定的,跟外电路的情况没有关系。例如,干电池的电动势是 1.5 V,铅蓄电池的电动势是 2 V。电动势是一个标量,但它和电流一样有规定的方向,即规定自负极通过电源内部到正极的方向为电动势的方向。

3.1.2   闭合电路的欧姆定律

图 3-2 所示是最简单的闭合电路。在闭合电路里,不但外电路有电阻,内电路也有电阻,内电路的电阻叫做内电阻。

那么,在闭合电路里,电流是由哪些因素决定的呢? 这个问题可以用能量守恒定律和焦耳定律来解决。

设 t 时间内有电荷量 q 通过闭合电路的横截面。在电源内部,非静电力把 q 从负极移到正极所做的功 $W = Eq$,考虑到 $q = It$,那么 $W = EIt$。电流通过电阻 R 和 r 时,电能转化为热能,根据焦耳定律,$Q = RI^2 t + rI^2 t$。电源内部其他形

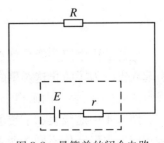

图 3-2   最简单的闭合电路

的能转化成的电能,在电流通过电阻时全部转化为热能,根据能量守恒定律,$W = Q$ 即

$$EIt = RI^2 t + rI^2 t$$

所以

$$E = RI + rI \quad \text{或} \quad I = \frac{E}{R + r}$$

上式表示:闭合电路内的电流跟电源的电动势成正比,跟整个电路的电阻成反比,这就是闭合电路的欧姆定律。

由于 $U = RI$ 是外电路上的电压降(也叫端电压),$rI = U'$ 是内电路上的电压降,所以 $E = U + U'$,这就是说,电源的电动势等于内外电路电压降之和。

3.1.3　端电压

电源的电动势不随外电路的电阻而改变,但电源加在外电路两端的电压——端电压却

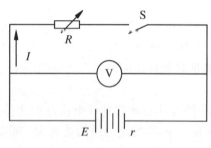

图 3-3　端电压实验图

不是这样的。从图 3-3 所示的电路,很容易看到,变阻器的电阻 R 改变了,电压表所示的端电压 U 也随着改变。R 增大,U 也增大;R 减小,U 也减少。

利用闭合电路的欧姆定律很容易说明这个现象。由于 $I = \dfrac{E}{R + r}$,外电路的电阻 R 增大时,电流 I 要减小;由于端电压 $U = E - rI$,电流 I 减小时,端电压 U 就增大。反之,外电路的电阻 R 减小时,电流 I 要增大,于是端电压 U 就减小。电源端电压随负载电流变化的规律叫做电源的外特性。

下面讨论两种特殊情况:

(1) 当外电路断开时,R 变成无限大,I 变成零,rI 也变为零,$U = E$,这表明外电路断开时的端电压等于电源的电动势。利用这个规律可以用电压表来粗略测定电源的电动势。当然,这时电压表本身构成了外电路,因此,测出的端电压并不准确地等于电动势。不过由于电压表的内阻很大,I 很小,rI 也很小,因此,U 和 E 相差很小,只要不是要求十分准确,就可以用这个办法来测电动势。

(2) 当外电路短路时,R 趋近于零,端电压 U 也趋近于零,这时,

$$I \to \frac{E}{r}$$

电源的内电阻一般都很小,所以,短路时电流很大。电流太大不但会烧坏电源,还可能引起火灾。为了防止这类事故,在电力线路中必须安装保险装置,同时实验中绝不可将导线或电流表(电流表的内阻很小)直接接到电源上,以防止短路。

图 3-4 中曲线表示了端电压 U 随负载电阻 R 的变化关系。为了比较,图中作出了电动势相同但内阻 r 值不同的两条曲线。

【例1】 在图 3-5 中,当把单刀双掷开关 S 扳到位置 1 时,外电路的电阻 $R_1 = 14\ \Omega$,测

得电流 $I_1 = 0.2\,\mathrm{A}$；当 S 扳到位置 2 时，外电路电阻 $R_2 = 9\,\Omega$，测得电流 $I_2 = 0.3\,\mathrm{A}$，求电源的电动势和内电阻。

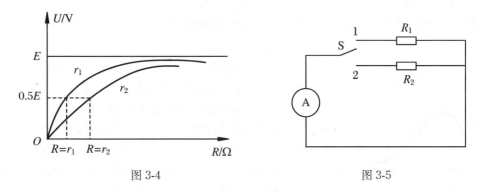

图 3-4　　　　　　　　　　　　　　　　图 3-5

解　根据闭合电路的欧姆定律，可列出联立方程：

$$\begin{cases} E = R_1 I_1 + r I_1 \\ E = R_2 I_2 + r I_2 \end{cases}$$

消去 E，可得

$$R_1 I_1 + r I_1 = R_2 I_2 + r I_2$$

所以

$$r = \frac{R_1 I_1 - R_2 I_2}{I_2 - I_1} = \frac{14 \times 0.2 - 9 \times 0.3}{0.3 - 0.2}\,\Omega = 1\ \Omega$$

把 r 值代入 $E = R_1 I_1 + r I_1$ 中，可得

$$E = 3\ \mathrm{V}$$

这道例题又介绍了一种测量电源电动势和内电阻的方法。

3.1.4　电源向负载输出的功率

将 $U = E - rI$ 两端同乘以 I，得

$$UI = EI - rI^2$$

式中，EI 是电源的总功率，UI 是电源向负载输出的功率，rI^2 是内电路消耗的功率。由以上讨论可知：电流随负载电阻的增大而减小，端电压随负载电阻的增大而增大，电源输出给负载的功率 $P = IU$ 也和负载电阻有关。那么，在什么情况下电源的输出功率最大呢？

若负载为纯电阻时，则

$$P = UI = RI^2 = R\left(\frac{E}{R + r}\right)^2 = \frac{RE^2}{(R + r)^2}$$

利用 $(R + r)^2 = (R - r)^2 + 4Rr$，上式可以写成

$$P = \frac{RE^2}{(R - r)^2 + 4Rr} = \frac{E^2}{\dfrac{(R - r)^2}{R} + 4r}$$

电源的电动势 E 和内电阻 r 与电路无关，可以看作是恒量。因此，只有 $R = r$ 时，上式

中分母的值最小,整个分式的值最大,这时电源的输出功率就达到最大值,该最大值为

$$P_m = \frac{E^2}{4R} = \frac{E^2}{4r}$$

这样,就得到结论:外电路的电阻等于电源的内电阻时,电源的输出功率最大,这时称阻抗匹配。

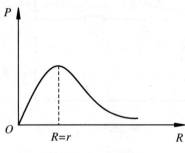

图 3-6　功率与电阻的关系

图 3-6 曲线表示了电动势和内阻均恒定的电源输出的功率 P 随负载电阻 R 的变化关系。

当电源的输出功率最大时,由于 $R = r$,所以,负载和内阻上消耗的功率相等,这时电源的效率不高,只有 50%。在电工和电子技术中,根据具体情况,有时要求电源的输出功率尽可能大些,有时又要求在保证一定功率输出的前提下尽可能提高电源的效率,这就要根据实际需要选择适当阻值的负载,以充分发挥电源的作用。

上述原理在许多实际问题中得到应用。例如,在多级晶体管放大电路中,总是希望后一级能从前一级获得较大的功率,以提高整个系统的功率放大倍数。这时,前级放大器的输出电阻相当于电源内阻,后级放大器的输入电阻则相当于负载电阻,当这两个电阻相等时,后一级放大器就能从前一级得到最大的功率,称为放大器之间的阻抗匹配。

【例 2】　在图 3-7 中,$R_1 = 8\ \Omega$,电源的电动势 $E = 80\ V$,内阻 $r = 2\ \Omega$,R_2 为变阻器,要使变阻器消耗的功率最大,R_2 应多大? 这时 R_2 消耗的功率是多少?

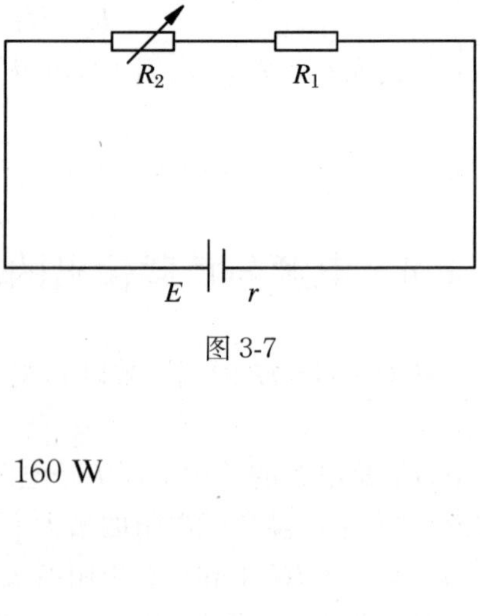

解　可以把 R_1 看作是电源内阻的一部分,这样电源内阻就是 $R_1 + r$。利用电源输出功率最大的条件,可以求出

$$R_2 = R_1 + r = (8 + 2)\Omega = 10\ \Omega$$

这时,R_2 消耗的功率

图 3-7

$$P_m = \frac{E^2}{4R_2^2} = \frac{80^2}{4 \times 10}\ W = 160\ W$$

3.2　电阻的串联

3.2.1　串联电阻

有一种装饰小彩灯,它是将许多灯泡依次连接在电路里。所有灯泡只能一起亮,只要其中一个灯泡熄灭,灯泡全部熄灭,如图 3-8 所示。像这样把多个元件逐个顺次连接起来,就

组成了串联电路。

串联电路的基本特点是：① 电路中的各处的电流相等；② 电路两端的总电压等于各部分电路两端的电压之和。下面就从这两个基本特点出发，研究串联电路的几个重要性质。

图 3-8　串联而成的装饰小彩灯

（1）串联电路的总电阻。用 R 代表串联电路的总电阻，I 代表电流，根据欧姆定律，在图 3-9 中有

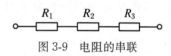

图 3-9　电阻的串联

$$U = RI, \quad U_1 = R_1 I, \quad U_2 = R_2 I, \quad U_3 = R_3 I$$

因为

$$U = U_1 + U_2 + U_3$$

所以

$$R = R_1 + R_2 + R_3$$

这就是说，串联电路的总电阻，等于各个电阻之和。

（2）串联电路的电压分配。在串联电路中，由于

$$I = \frac{U_1}{R_1}, \quad I = \frac{U_2}{R_2}, \quad \cdots, \quad I = \frac{U_n}{R_n}$$

所以

$$\frac{U_1}{R_1} = \frac{U_2}{R_2} = \cdots = \frac{U_n}{R_n} = I$$

这就是说，串联电路中各个电阻两端的电压跟它的阻值成正比。

当只有两个电阻串联时，可得

$$I = \frac{U}{R_1 + R_2}$$

所以

$$U_1 = R_1 I = \frac{R_1}{R_1 + R_2} U$$

$$U_2 = R_2 I = \frac{R_2}{R_1 + R_2} U$$

这就是两个电阻串联时的分压公式。

（3）串联电路的功率分配。串联电路中某个电阻 R_k 消耗的功率 $P_k = U_k I$，而 $U_k = R_k I$。因此，$P_k = R_k I^2$，各个电阻消耗的功率分别是

$$P_1 = R_1 I^2, \quad P_2 = R_2 I^2, \quad \cdots, \quad P_n = R_n I^2$$

所以

$$\frac{P_1}{R_1} = \frac{P_2}{R_2} = \cdots = \frac{P_n}{R_n} = I^2$$

这就是说,串联电路中各个电阻消耗的功率跟它的阻值成正比。

【例1】 有一盏弧光灯,额定电压 $U_1 = 40$ V,正常工作时通过的电流 $I = 5$ A,应该怎样把它连入 $U = 220$ V 的照明电路中?

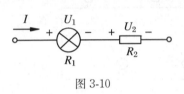

图 3-10

解 直接把弧光灯连入照明电路是不行的,因为照明电路的电压比弧光灯额定电压高得多。由于串联电路的总电压等于各个导体上的电压之和,因此,可以在弧光灯上串联一个适当的电阻 R_2,分掉多余的电压,如图 3-10 所示。则

$$U_2 = U - U_1 = 180 \text{ V}$$

R_2 与弧光灯 R_1 串联,弧光灯正常工作时,R_2 通过的电流也是 5 A。

$$R_2 = \frac{180}{5} \Omega = 36 \Omega$$

由上述例题可知,串联电阻可以分担一部分电压,使额定电压低的用电器能连接到电压高的线路上使用。串联电阻的这种作用叫分压作用,作这种用途的电阻叫分压电阻。但分压电阻上将有一定的功率损耗,若损耗太大,则不宜采用这一方法。

3.2.2 串联电阻电路的应用

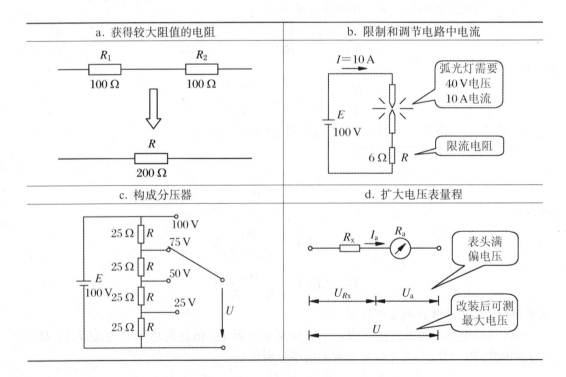

3.2.3　电压表

常用的电压表是用微安表或毫安表改装成的。电流表的电阻值 R_g 为几百到几千欧,允许通过的最大电流 I_g 为几十微安到几毫安。每个电流表都有它的 R_g 值和 I_g 值,当通过它的电流为 I_g 时,它的指针偏转到最大刻度,所以,I_g 叫满偏电流。如果电流超过满偏电流,不但指针指示超出刻度范围,还会烧毁电流表。

电流越大,电流表指针的偏角就越大。根据欧姆定律可知,加在它两端的电压越大,指针的偏角也越大,如果在刻度盘上直接标出电压值,就可以用它来测电压。但是不能直接用电流表来测较大的电压。因为,如果被测电压 U 大于 $R_g I_g$,电流将超过 I_g 而把电流表烧毁。如果给电流表串联一电阻,分担一部分电压,就可以用来测较大的电压了。加上串联电阻并在刻度盘上直接标出伏值,就可以把电流表改装成了电压表,如图 3-11 所示。

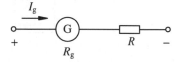

图 3-11　电流表改装成电压表

【例 2】　假设有一个电流表,电阻 $R_g = 1\,000\ \Omega$,满偏电流 $I_g = 100\ \mu\text{A}$,要把它改装成量程是 3 V 的电压表,应该串联多大的电阻?

解　电流表指针偏转到满刻度时,它两端的电压 $U_g = R_g I_g = 0.1\ \text{V}$,这是它能承担的最大电压。现在要让它测量最大为 3 V 的电压,分压电阻 R 就必须分担 2.9 V 的电压。由于串联电路中电压跟电阻成正比,

$$\frac{U_g}{R_g} = \frac{U_R}{R}$$

则

$$R = \frac{U_R}{U_g} R_g = \frac{2.9}{0.1} \times 1\,000\ \Omega = 29\ \text{k}\Omega$$

可见,串联 29 kΩ 的分压电阻后,就把这个电流表改装成了量程为 3 V 的电压表。

3.3　电阻的并联

3.3.1　并联电路

我们家庭中使用的电灯、电风扇、电视机、电冰箱、洗衣机等家用电器,都是并列地连接在电路中的,并各自安装一个开关,它们可以分别控制,互不影响。像这样把多个元件并列地连接起来,由同一电压供电,就组成了并联电路,如图 3-12 所示。

图 3-13 所示是三个电阻 R_1、R_2、R_3 组成并联电路。并联电路的基本特点是:① 电路中的各支路两端的电压相等;② 电路两端的总电流等于各支路电流之和。下面就从这两个

基本特点出发,研究并联电路的几个重要性质。

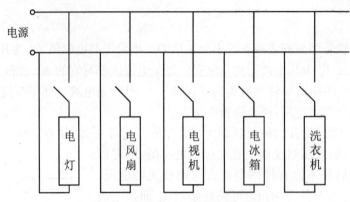

图 3-12　家庭用电器的并联连接

1. 并联电路的总电阻

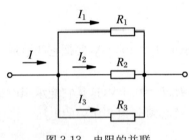

图 3-13　电阻的并联

用 R 代表串联电路的总电阻,I 代表电流,根据欧姆定律,在图 3-13 中有

$$I = \frac{U}{R}, \quad I_1 = \frac{U}{R_1}, \quad I_2 = \frac{U}{R_2}, \quad I_3 = \frac{U}{R_3}$$

因为

$$I = I_1 + I_2 + I_3$$

所以

$$\frac{1}{R} = \frac{1}{R_1} + \frac{1}{R_2} + \frac{1}{R_3}$$

这就是说,并联电路总电阻的倒数,等于各个电阻的倒数之和。

2. 并联电路的电流分配

在并联电路中,由于

$$U = R_1 I_1, \quad U = R_2 I_2, \quad \cdots, \quad U = R_n I_n$$

所以

$$R_1 I_1 = R_2 I_2 = \cdots = R_n I_n = U$$

这就是说,并联电路中通过各个电阻的电流跟它的阻值成反比。

当只有两个电阻并联时,可得

$$R = \frac{R_1 R_2}{R_1 + R_2}$$

所以

$$I_1 = \frac{U}{R_1} = \frac{R}{R_1} I = \frac{R_2}{R_1 + R_2} I$$

$$I_2 = \frac{U}{R_2} = \frac{R}{R_2} I = \frac{R_1}{R_1 + R_2} I$$

这就是两个电阻并联时的分流公式。

3. 并联电路的功率分配

并联电路中某个电阻 R_k 消耗的功率 $P_k = UI_k$，而 $I_k = \dfrac{U}{R_k}$，所以 $P_k = \dfrac{U^2}{R_k}$。因此，各个电阻消耗的功率分别是

$$P_1 = \frac{U^2}{R_1}, \quad P_2 = \frac{U^2}{R_2}, \quad \cdots, \quad P_n = \frac{U^2}{R_n}$$

所以

$$P_1 R_1 = P_2 R_2 = \cdots = P_n R_n = U^2$$

这就是说，并联电路中各个电阻消耗的功率跟它的阻值成反比。

【例 1】 线路电压为 220 V，每根输电导线的电阻 $R_1 = 1\ \Omega$，电路中并联了 100 盏 220 V、40 W 的电灯。求：

(1) 只打开其中 10 盏时，每盏灯的电压和功率；

(2) 100 盏灯全部打开时，每盏灯的电压和功率。

解 根据题意，100 盏电灯是并联的，电灯与输电导线是串联的。电路如图 3-14 所示，其中 R_1 是每根输电导线的电阻。从图上可以看出，电灯的电压等于线路电压减去输电导线上的电压。求出并联电灯的电阻 $R_并$，电路的总电阻 $R_总$，算出电路中的总电流，就可以求出输电导线上的电压，从而可以求得电灯的电压和功率。

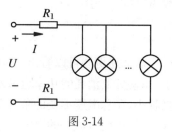

图 3-14

(1) 只打开 10 盏电灯的时候：每盏电灯的电阻

$$R = \frac{U^2}{P} = \frac{220^2}{40}\ \Omega = 1210\ \Omega$$

10 盏电灯并联的电阻

$$R_并 = \frac{R}{10} = 121\ \Omega$$

电路中的总电阻

$$R_总 = R_并 + 2R_1 = (121 + 2)\ \Omega = 123\ \Omega$$

电路中的总电流

$$I = \frac{U}{R_总} = \frac{220}{123}\ \text{A} \approx 1.8\ \text{A}$$

两根输电导线上的电压

$$U_r = 2R_1 I = 2 \times 1 \times 1.8\ \text{V} = 3.6\ \text{V}$$

电灯的电压

$$U_L = U - U_r = (220 - 3.6)\ \text{V} \approx 216\ \text{V}$$

每盏电灯的功率

$$P = \frac{U_L^2}{R} = \frac{216^2}{1\,210}\ \text{W} \approx 39\ \text{W}$$

(2) 100 盏电灯全部打开的时候：100 盏电灯并联的电阻

$$R'_{并} = \frac{R}{100} = 12.1\ \Omega$$

电路中的总电阻

$$R_{总} = R'_{并} + 2R = (12.1 + 2)\ \Omega = 14.1\ \Omega$$

电路中的总电流

$$I = \frac{U}{R_{总}} = \frac{220}{14.1}\ \text{A} \approx 16\ \text{A}$$

两根输电导线上的电压

$$U_r = 2R_1 I = 2 \times 1 \times 16\ \text{V} = 32\ \text{V}$$

电灯的电压

$$U_L = U - U_r = (220 - 32)\ \text{V} \approx 188\ \text{V}$$

每盏电灯的功率

$$P = \frac{U_L^2}{R} = \frac{188^2}{1\,210}\ \text{W} \approx 29\ \text{W}$$

　　从上述例题可以看出,100盏电灯全部打开时比只打开10盏时加在电灯上的电压减小了,每盏灯上消耗的功率也减小了。一般说来,电路里并联的用电器越多,并联部分的电阻就越小,在总电压不变的条件下,电路里的总电流就越大,因此,输电线上的电压降就越大。这样,加在用电器上的电压就越小,每个用电器消耗的功率也越小。我们在晚上七八点钟开灯时,使用照明灯的用户多,灯光就比深夜暗些,就是这个缘故。

　　并联电阻可以分担一部分电流,并联电阻的这种作用叫做分流作用,作这种用途的电阻叫分流电阻。

3.3.2　电流表

　　在毫安表或微安表上并联一个分流电阻,按比例分流一部分电流,这样就可以利用微安表或毫安表测量较大的电流。如果再在刻度盘上标出安培值,则构成一个电流表,如图3-15所示。

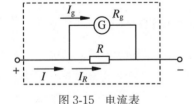

图3-15　电流表

　　【例2】　有一只微安表,电阻 $R_g = 1\,000\ \Omega$,满偏电流 $I_g = 100\ \mu\text{A}$,现要改装成量程为1 A的电流表,应并联多大的分流电阻?

　　解　微安表允许通过的最大电流是 $100\ \mu\text{A} = 0.000\,1\ \text{A}$,在测量1 A的电流时,分流电阻 R 上通过的电流应该是 $I_R = 0.999\,9\ \text{A}$。由于并联电路中电流跟电阻成反比,$R_g I_g = R I_R$,所以

$$R = R_g \frac{I_g}{I_R} = 1\,000 \times \frac{0.000\,1}{0.999\,9}\ \Omega \approx 0.1\ \Omega$$

可见,并联0.1 Ω的分流电阻后,就可以把这个微安表改装成量程为1 A的电流表。

3.4　电阻的混联

　　在实际电路中,既有电阻的串联,又有电阻的并联,叫做混联。对于混联电路的计算,只要按照串联和并联的计算方法,一步一步地把电路化简,最后就可以求出总的等效电阻。但是,在有些混联电路中,往往不易一下子就看清各电阻之间的连接关系,难以下手分析,这时就要根据电路的具体结构,按照串联和并联电路的定义和性质,进行电路的等效变换,使其电阻之间的关系一目了然,然后进行计算。

　　进行电路的等效变换可采用下面两种方法:

1. 利用电流的流向及电流的分、合,画出等效电路图

　　【例 1】　图 3-16 所示的电路中,已知 $R_1 = R_2 = 8\ \Omega$,$R_3 = R_4 = 6\ \Omega$,$R_5 = R_6 = 4\ \Omega$,$R_7 = R_8 = 24\ \Omega$,$R_9 = 16\ \Omega$,电路端电压 $U = 224$ V,试求通过电阻 R_9 的电流和 R_9 两端的电压。

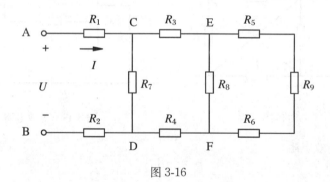

图 3-16

　　解　先将图 3-16 所示的电路根据电流的流向进行整理。总电流通过电阻 R_1 后在 C 点分成两路,一支路经 R_7 到 D 点,另一支路经 R_3 到 E 点后又分成两路,一支路经 R_8 到 F 点,另一支路经 R_5、R_9、R_6 也到 F 点,电流汇合后经 R_4 到 D 点,与经 R_7 到 D 点的电流汇合成总电流通过 R_2,故画出等效电路如图 3-17 所示。

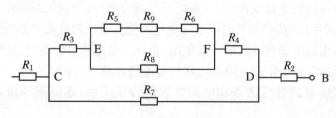

图 3-17　等效电路

　　然后根据电路中电阻的串、并联关系计算出电路的总等效电阻。可得

$$R_\text{总} = 28\ \Omega$$

再计算电路的总电流

$$I_总 = \frac{U}{R_总} = \frac{224}{28}\,\text{A} = 8\,\text{A}$$

最后根据电阻并联的分流关系,可计算出通过电阻 R_9 中的电流

$$I_9 = 2\,\text{A}$$

电阻 R_9 两端的电压

$$U_9 = R_9 I_9 = 2 \times 16\,\text{V} = 32\,\text{V}$$

2. 利用电路中各等电位点分析电路,画出等效电路图

【例2】 如图3-18所示,已知每一电阻的阻值 $R = 10\,\Omega$,电源电动势 $E = 6\,\text{V}$,电源内阻 $r = 0.5\,\Omega$,求电路上的总电流。

解 先将图3-18的电路进行整理。A点与C点等电位,B点与D点等电位,因此,$U_{AB} = U_{AD} = U_{CB} = U_{CD}$,即4个电阻两端的电压都相等,故画出等效电路如图3-19所示。

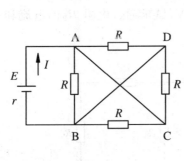

图 3-18

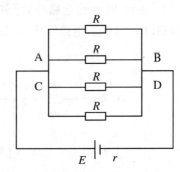

图 3-19 等效电路

电路中总的等效电阻

$$R_总 = \frac{R}{4} = \frac{10\,\Omega}{4} = 2.5\,\Omega$$

所以,电路上总的电流

$$I = \frac{E}{R_总 + r} = \frac{6}{2.5 + 0.5}\,\text{A} = 2\,\text{A}$$

由以上分析与计算可以看出,混联电路计算的一般步骤为:

(1)首先对电路进行等效变换,也就是把不容易看清串、并联关系的电路,整理、简化成容易看清串、并联关系的电路(整理电路过程中绝不能把原来的连接关系搞错);

(2)先计算各电阻串联和并联的等效电阻,再计算电路的总的等效电阻;

(3)由电路总的等效电阻和电路端电压计算电路的总电流;

(4)根据电阻串联的分压关系和电阻并联的分流关系,逐步推算出各部分的电压和电流。

3.5　万用表的基本结构及使用

　　万用表是一种实用的电工仪表,可以用来测量多个被测量,对于每个被测量又有多个量程。一般的万用表可用来测量直流电压、直流电流、直流电阻及交流电压等。本节将介绍万用表的基本组成和使用方法。

3.5.1　模拟式万用表的基本结构

　　万用表一般由测量机构、测量线路、转换开关、面板与外壳四个部分组成。

1. 测量机构(俗称"表头")

　　万用表采用灵敏度很高的磁电系测量机构,由马蹄形永久磁铁和可动线圈组成(图3-20)。线圈的电阻称为表头的内阻。线圈通电流之后,与永久磁铁互相作用产生磁场力,发生偏转,所偏转的角度与线圈当中通过的电流成正比。固定在线圈上的指针随线圈一起偏转,指示线圈所偏转的角度。当指针指示满标度时,线圈中所通过的电流称为满偏电流。内阻和满偏电流是描述表头特性的两个参数,分别以 R_c 和 I_c 表示。

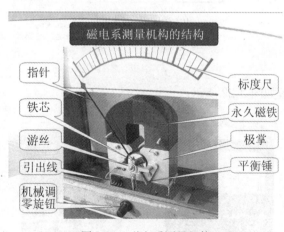

图 3-20　磁电系测量机构

　　测量机构的作用是把过渡电量转换为仪表指针的机械偏转角。

2. 测量线路

　　测量线路的作用是把各种不同的被测量转换为磁电系测量机构所能接受的微小直流电流(即过渡量)。

　　测量线路中使用的元器件主要包括分流电阻、分压电阻、整流元件等。

3. 转换开关

　　转换开关的作用是把测量线路切换为与被测量和所需量程相对应的部分。

　　万用表的转换开关一般采用多层、多刀、多掷的开关(图3-21)。

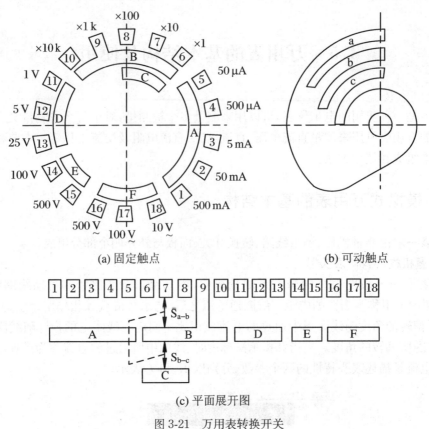

(a) 固定触点   (b) 可动触点

(c) 平面展开图

图 3-21　万用表转换开关

4. 万用表面板

模拟式万用表面板如图 3-22 所示。

图 3-22　模拟式万用表面板

3.5.2　模拟式万用表的使用

1. 万用表的使用步骤

（1）正确选择插孔：黑表笔插公共插孔，红表笔通常插在"＋"插孔上，当测量大电流和高电压时红表笔应插在"5 A"插孔和"2 500 V"插孔上。

（2）正确选择挡位和量程。

（3）正确接线：测量直流量时，要注意正、负极性，以免指针反转。测量电流时，万用表应串联在被测电路中；测量电压时，万用表要并联在被测电路两端；在用万用表测量晶体管时，应牢记万用表的红表笔与表内部电池的负极相接，黑表笔与表内部电池的正极相接。

（4）正确读数：选择正确的标度尺，弄清标度尺每一格对应的被测量。选择电流电压量程时，最好使指针指在满刻度的三分之二以上位置（图 3-23）。

图 3-23　万用表标度尺

2. 万用表欧姆挡的使用

（1）将被测电阻断电。

（2）选择合适的倍率（图 3-24）。

图 3-24　欧姆挡倍率的选择

（3）欧姆调零：将红黑表笔短接，调节"欧姆调零"旋钮，使指针指在欧姆标尺右端的"0 欧姆"位置上。

（4）接线：用一只手握表笔，另一只手持电阻。

（5）读数：R_x = 指示值×倍率。

3.5.3　模拟式万用表使用注意事项

（1）用前检查指针是否指在机械零位（左侧 0 位），如果不指零，需用起子进行调整。

（2）将万用表水平放置。

（3）不能在万用表工作中操作转换开关。

（4）使用完毕，将转换开关置于空挡或者置于交流电压最大量程上。

3.5.4　数字式万用表

数字式万用表是用数字显示测量结果的万用表，其灵敏度和准确度都高于模拟式万用表，操作简单，读数方便（图 3-25）。

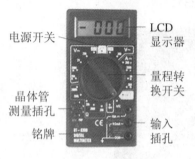

电源开关　LCD 显示器

晶体管测量插孔　量程转换开关

铭牌　输入插孔

图 3-25　数字式万用表面板

使用数字式万用表的注意事项：

（1）使用数字式万用表之前，应仔细阅读使用说明书，熟悉面板结构及各旋钮、插孔的作用，以免使用中发生差错。

（2）测量前，应校对量程开关位置及两表笔所插的插孔，无误后再进行测量。

（3）测量前若无法估计被测量大小，应先用最高量程挡测量，再视测量结果选择合适的量程挡。

（4）严禁测量高压或大电流时拨动量程开关，以防止产生电弧，烧毁开关触点。

（5）由于数字式万用表的频率特性较差，故只能测量 45～500 Hz 范围内的正弦波电量的有效值。

（6）严禁在被测电路带电的情况下测量电阻，以免损坏仪表。

（7）若将电源开关拨至"ON"位置，液晶显示器无显示，应检查电池是否失效，或熔丝管是否烧断。若显示欠压信号"←"，需更换新电池。

（8）为延长电池使用寿命，每次使用完毕应将电源开关拨至"OFF"位置。长期不用的仪表，要取出电池，防止因电池内电解液漏出而腐蚀表内元器件。

3.5.5　实验

内容：万用表测量电阻、直流电压、交流电压、直流电流。

器材：模拟式万用表一只，数字式万用表一只，碳膜电阻若干，干电池若干，单相调压器一台，电源插座板一块。

3.6　直流电桥及其使用方法

万用表测电阻，虽然简单方便，但测量的准确度较低，在电机、变压器等电器设备的检修中，往往需要获得绕组的准确电阻值，这是就需用直流电桥来对电阻进行测量。直流电桥根据结构分为单臂电桥和双臂电桥两种，其中单臂电桥适用于测量 1 Ω 至 100 kΩ 的中等电阻值，双臂电桥适用于测量 1 Ω 以下的小电阻值。

3.6.1　直流单臂电桥

1. 直流单臂电桥的原理

直流单臂电桥的原理如图 3-26 所示。

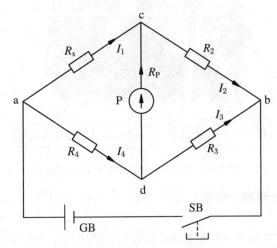

图 3-26　直流单臂电桥原理图

电桥平衡时：R_x = 比例臂倍率×比较臂读数。

2. QJ23 型直流单臂电桥简介

（1）QJ23 型的比例臂 R_2/R_3 由八个标准电阻组成，共分为七挡，由转换开关 SA 换接（图 3-27）。

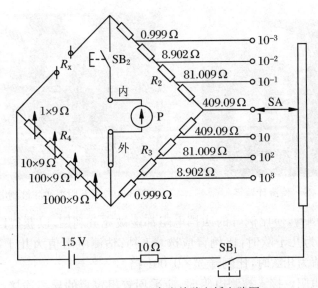

图 3-27　QJ23 型直流单臂电桥电路图

（2）比较臂 R_4 由四个可调标准电阻组成，它们分别由面板（图 3-28）上的四个读数盘控制，可得到从 $0\sim9\,999\ \Omega$ 范围内的任意电阻值，最小步进值为 $1\ \Omega$。

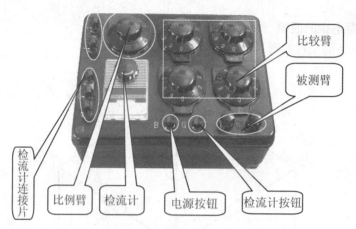

图 3-28　QJ23 型直流单臂电桥面板图

3. 直流单臂电桥的使用与维护

测量电阻的步骤：

（1）电桥调试。打开检流计机械锁扣，调节调零器使指针指在零位，如图 3-29 所示。

注意：

① 发现电桥电池电压不足应及时更换，否则将影响电桥的灵敏度。

② 当采用外接电源时，必须注意电源的极性。将电源的正、负极分别接到"＋""－"端钮，且不要使外接电源电压超过电桥说明书上的规定值。

（2）用万用表初测被测电阻，选择比例臂，如图 3-30 所示。

图 3-29　检流计调零

图 3-30　用万用表初测被测电阻

选择适当的比例臂，使比例臂的四挡电阻都能被充分利用，以获得四位有效数字的读数。若估测电阻值为几千欧时，比例臂应选×1 挡；估测电阻值为几十欧时，比例臂选×0.01 挡；估测电阻值为几欧时，比例臂选×0.001 挡。

（3）接入被测电阻。接入被测电阻时，应采用较粗较短的导线连接，并将接头拧紧，如图 3-31 所示。

（4）接通电路，调节电桥比例臂使之平衡，如图 3-32 所示。

图 3-31　接入被测电阻

图 3-32　调节电桥

测量时应先按下电源按钮，再按下检流计按钮，使电桥电路接通。

（5）计算电阻值

$$被测电阻值 = 比例臂读数 \times 比较臂读数$$

（6）关闭电桥

① 先断开检流计按钮，再断开电源按钮，然后拆除被测电阻，最后锁上检流计机械锁扣。

② 对于没有机械锁扣的检流计，应将按钮"G"按下并锁住。

（7）电桥保养

① 每次测量结束，将盒盖盖好，存放于干燥、避光、无震动的场合。

② 发现电池电压不足应及时更换，否则将影响电桥的灵敏度。

③ 当采用外接电源时，必须注意电源极性。

④ 不要使外接电源电压超过电桥说明书上的规定值。

⑤ 搬动电桥时应小心，做到轻拿轻放，否则易使检流计损坏。

3.6.2　直流双臂电桥

1. 直流双臂电桥的原理

直流双臂电桥的原理如图 3-33 所示。

（1）调节各桥臂电阻，使检流计指零，即 $I_P = 0$，此时 $I_1 = I_2$，$I_3 = I_4$。

（2）列方程组求得

$$R_x = \frac{R_2}{R_1} R_n + \frac{r R_2}{r + R_3 + R_4}\left(\frac{R_3}{R_1} - \frac{R_4}{R_2}\right)$$

为满足校正项等于零的条件，双臂电桥在结构上采取了以下措施：

① 将 R_1 与 R_3、R_2 与 R_4 采用机械联动的调节装置，使 R_3/R_1 的变化和 R_4/R_2 的变化保持同步，从而保证校正项等于零。

② 连接 R_n 与 R_x 的导线，尽可能采用导电性良好的粗铜母线，使 $r \rightarrow 0$。

电桥平衡时，被测电阻 R_x = 比例臂倍率 × 比较臂读数。

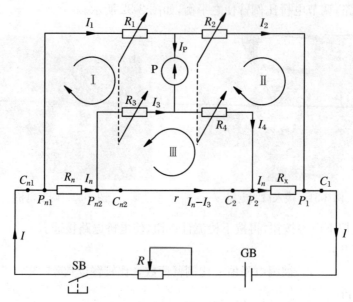

图 3-33 直流双臂电桥原理图

2. QJ103 型直流双臂电桥简介

（1）电路结构如图 3-34 所示。

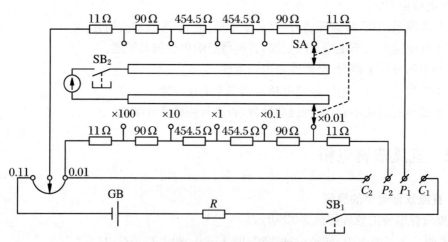

图 3-34 QJ103 型直流双臂电桥内部电路图

（2）面板如图 3-35 所示。

① 测量时，调节倍率旋钮和 R_n 的调节旋钮使电桥平衡，检流计指零。

② 被测电阻 ＝ 倍率数×读数盘读数。

3. 直流双臂电桥的使用与维护

与直流单臂电桥基本相同。

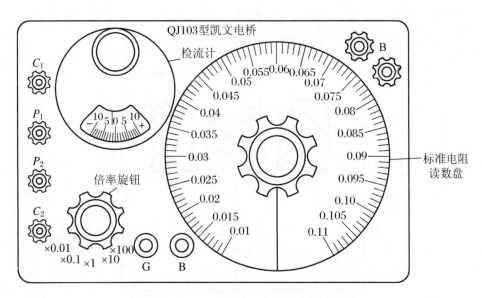

图 3-35 QJ103 型直流双臂电桥内部面板图

3.7 兆欧表的使用

3.7.1 兆欧表的构造及工作原理

兆欧表是一种专门用来测量电气设备绝缘电阻的便携式仪表(图 3-36)。

图 3-36 兆欧表外形图

一般的兆欧表主要由手摇直流发电机、磁电系比率表以及测量线路组成,手摇直流发电机的额定电压主要有 500 V、1 000 V、2 500 V 等几种。

兆欧表的工作原理(图 3-37):

① 被测电阻 R_x 接在"L"与"E"端钮之间。

② 摇动直流发电机的手柄,发电机两端产生较高的直流电压,线圈 1 和线圈 2 同时通电。

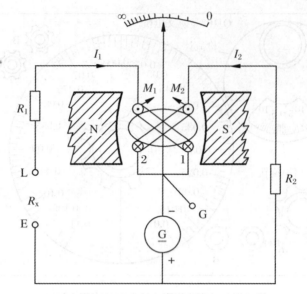

图 3-37 兆欧表的内部电路

③ 通过线圈 1 的电流 I_1 与气隙磁场相互作用产生转动力矩 M_1；通过线圈 2 的电流 I_2 也与气隙磁场相互作用产生反作用力矩 M_2，M_1 与 M_2 方向相反。

④ 由于气隙磁场是不均匀的，所以转动力矩 M_1 不仅与线圈 1 的电流 I_1 成正比，而且还与线圈 1 所处的位置（用指针偏转角 α 表示）有关。

⑤ 兆欧表指针的偏转角 α 只取决于两个线圈电流的比值，而与其他因素无关。所以兆欧表能够克服手摇发电机电压不太稳定而对仪表指针偏转角产生影响的缺点。

⑥ 由于 I_2 的大小一般不变，而随被测绝缘电阻 R_x 的改变而变化，所以可动部分的偏转角 α 能直接反映被测绝缘电阻的数值。

3.7.2　兆欧表的选择、使用与维护

1. 选择兆欧表

选择兆欧表的原则：

(1) 其额定电压一定要与被测电气设备或线路的工作电压相适应。

(2) 兆欧表的测量范围要与被测绝缘电阻的范围相符合，以免引起大的读数误差。

2. 兆欧表的接线

兆欧表有三个接线端钮，分别标有 L（线路）、E（接地）和 G（屏蔽），使用时应按测量对象的不同来选用。当测量电力设备对地的绝缘电阻时，应将 L 接到被测设备上，E 可靠接地即可。

3. 检查兆欧表

(1) 开路试验。在兆欧表未接通被测电阻之前，摇动手柄使发电机达到 120 r/min 的额定转速，观察指针是否指在标度尺"∞"的位置（图 3-38）。

（2）短路检查。将端钮 L 和 E 短接,缓慢摇动手柄,观察指针是否指在标尺的"0"位置（图 3-39）。

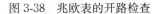

图 3-38　兆欧表的开路检查　　　　　　　图 3-39　兆欧表的短路检查

4. 使用注意事项

（1）测量绝缘电阻必须在被测设备和线路停电的状态下进行。对含有大电容的设备,测量前应先进行放电,测量后也应及时放电,放电时间不得小于 2 min,以保证人身安全。

（2）兆欧表与被测设备间的连接导线不能用双股绝缘线或绞线,应用单股线分开单独连接。

（3）摇动手柄时应由慢渐快至额定转速 120 r/min。在此过程中,若发现指针指零,应立即停止摇动手柄,避免表内线圈因发热而损坏。

（4）测量具有大电容设备的绝缘电阻,读数后不能立即停止摇动兆欧表,以防止已充电的设备放电而损坏兆欧表。此时应在读数后一边降低手柄转速,一边拆去接地线。在兆欧表停止转动和被测物充分放电之前,不能用手触及被测设备的导电部分。

（5）测量设备的绝缘电阻时,应记录测量时的温度、湿度、被测设备的状况等,以便分析测量结果。

（6）测量绝缘电阻的结果如超过规定值,应及时进行处理,否则可能发生人身和设备的安全事故。

思考与练习

（1）怎样选择直流单臂电桥的倍率?

（2）为什么不能用万用表欧姆挡测量电气设备的绝缘电阻?

3.8　基尔霍夫定律

在电子电路中,常会遇到有两个以上有电源的支路组成的回路,如图 3-40 所示,不能运用电阻串、并联的计算方法将它简化成一个单回路电路,这种电路称为复杂电路。

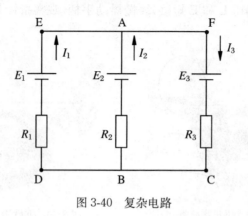

图 3-40 复杂电路

3.8.1 支路、节点和回路

支路：由一个或几个元件首尾相接构成的无分支电路。在同一支路内，流过所有元件的电流相等。在图 3-40 中，R_1 和 E_1 构成一条支路，R_2 和 E_2 构成一条支路，R_3 是另　条支路。

节点：三条或三条以上支路会聚的点。如图 3-40 中的 A 点和 B 点，以及图 3-41(a)、(b) 中的 A 点都是节点。

回路：任意闭合路径。如图 3-40 中的 CBDEAFC、AFCBA、EABDE 都是回路。

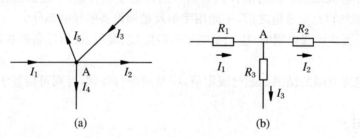

图 3-41 节点图

3.8.2 基尔霍夫电流定律

基尔霍夫电流定律又叫节点电流定律，它指出：电路中任意一个节点上，在任一时刻，流入节点的电流之和，等于流出节点的电流之和。例如，对于图 3-41(a)中的节点 A，有

$$I_1 + I_3 = I_2 + I_4 + I_5$$

或

$$I_1 + (-I_2) + I_3 + (-I_4) + (-I_5) = 0$$

如果规定流入节点的电流为正，流出节点的电流为负，则基尔霍夫电流定律也可写成：

$$\sum I = 0$$

亦即在任一电路的任一节点上,电流的代数和永远等于零。

基尔霍夫电流定律可以推广应用于任意假定的封闭面,如图 3-42 所示的电路,假定一个封闭面 S 把电阻 R_3、R_4 及 R_5 所构成的三角形全部包围起来,则流进封闭面 S 的电流应等于从封闭面 S 流出的电流。故得

$$I_1 + I_2 = I_3$$

事实上,不论电路怎样复杂,总是通过两根导线与电源连接的,而这两根导线是串接在电路中的,所以,流过它们的电流必然相等,如图 3-43 所示。显然,若将一根导线切断,则另一根导线中的电流一定为零。所以,在已经接地的电力系统中进行工作时,只要穿绝缘胶鞋或站在绝缘木梯上,并且不同时触及有不同电位的两根导线,就能保证安全,不会有电流流过人体。

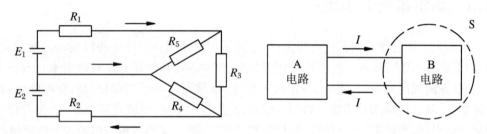

图 3-42　基尔霍夫电流应用推广 1　　　　　图 3-43　基尔霍夫电流应用推广 2

应该指出,在分析与计算复杂电路时,往往事先不知道每一支路中电流的实际方向,这时可以任意假定各个支路中电流的方向,称为参考方向,并且标在电路图上。若计算结果某一支路中的电流为正值,表明原来假定的电流方向与实际的方向一致;若某一支路的电流为负值,表明原来假定的电流方向与实际的电流方向相反。应该把它倒过来,才是实际的电流方向。

【例题】　图 3-44 所示电桥电路,已知 $I_1 = 25$ mA,$I_3 = 16$ mA,$I_4 = 12$ mA,求其余各电阻中的电流。

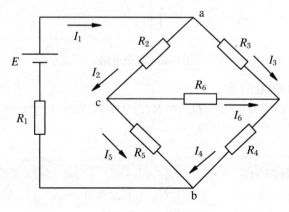

图 3-44　电桥电路

解　先任意标定未知电流 I_2、I_5 和 I_6 的参考方向,如图 3-44 所示。

在节点 a 应用基尔霍夫电流定律,埋出节点电流方程式:

$$I_1 = I_2 + I_3$$

求出

$$I_2 = I_1 - I_3 = (25 - 16)\text{mA} = 9\text{ mA}$$

同样,分别在节点 b 和 c 应用基尔霍夫电流定律,列出节点电流方程式。因为

$$I_6 = I_4 - I_3 = (12 - 16)\text{mA} = -4\text{ mA}$$

所以

$$I_5 = I_2 - I_6 = (9 - (-4))\text{mA} = 13\text{ mA}$$

I_6 的值是负的,表示 I_6 的实际方向与标定的参考方向相反。

3.8.3 基尔霍夫电压定律

基尔霍夫电压定律又叫回路电压定律,它说明在一个闭合回路中各段电压之间的关系。如图 3-45 所示,回路 abcdea 表示复杂电路中的一个回路(其他部分没有画出来),若各支路都有申流(方向如图所示)。当沿 a–b–c–d–e–a 绕行时,电位有时升高,有时降低,但不论怎样变化,从 a 点绕闭合回路一周到 a 点时,a 点电位不变,也就是说,从一点出发绕回路一周回到该点时,各段电压(电压降)的代数和等于零,这一关系叫做基尔霍夫电压定律,即

$$\sum U = 0$$

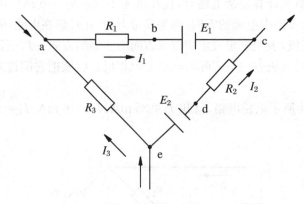

图 3-45 复杂电路

对于图 3-45 所示的电路,有

$$U_{ac} = R_1 I_1 + E_1$$
$$U_{ce} = -R_2 I_2 - E_2$$
$$U_{ea} = R_3 I_3$$

沿整个闭合回路的电压应为

$$U_{ac} + U_{ce} + U_{ea} = 0$$

即

$$R_1 I_1 + E_1 - R_2 I_2 - E_2 + R_3 I_3 = 0$$

移项后得

$$R_1 I_1 - R_2 I_2 + R_3 I_3 = -E_1 + E_2$$

上式表明:在任一时刻,一个闭合回路中,各段电阻上电压降的代数和等于各电源电动势的代数和,公式为

$$\sum RI = \sum E$$

这就是基尔霍夫电压定律的另一种形式。

在运用基尔霍夫电压定律所列的方程式中,电压与电动势均指的是代数和,因此,必须考虑正、负。应该指出:在用式 $\sum U = 0$ 时,电压、电动势均集中在等式的一边,各段电压的正、负号规定完全与 2.8 节中所述的一样;但如果用 $\sum RI = \sum E$ 时(电压与电动势分别写在等式的两边),则电压的正、负规定仍和前面相同,而电动势的正、负号恰好相反,也就是当绕行方向与电动势的方向(由负极指向正极)一致时,该电动势为正,反之为负。

这是因为式 $\sum U = 0$ 中,电动势是作为电压来处理的,而在 $\sum RI = \sum E$ 中,则是作为电动势来处理的。

在列方程式时,回路绕行方向可以任意选择,但一经选定后就不能中途改变。

阅读与应用

常用电池

电池分为原电池和蓄电池两种,都是化学能转化为电能的器件。原电池是不可逆的,即只能由化学能转变为电能(称为放电),故又叫做一次电池;而蓄电池是可逆的,既可由化学能转变为电能,又可由电能转变为化学能(称为充电),故又叫做二次电池。因此,蓄电池对电能有储蓄和释放功能。

1. 蓄电池

常用蓄电池有两种:酸性的铅蓄电池和碱性的镍镉蓄电池。铅蓄电池是在一个玻璃或硬橡胶制成的器皿中盛着电解质稀硫酸溶液,正极为二氧化铅极,负极为海绵状铅,在使用时通过正负极上的电化学反应,把化学能转化为电能供给直流负载。反过来,电池在使用后进行充电,借助于直流电在电极上进行电化学反应,把电能转换成化学能储存起来。

铅蓄电池的优点是:技术较成熟,易生产,成本低,可制成各种规格的电池。缺点是:比能量低(蓄电池单位质量所能输出的能量称为比能量),难以快速充电,循环使用寿命不够长,制成小尺寸外形比较难。

镍镉蓄电池的结构基本同于铅蓄电池,电解质是氢氧化钾溶液,正极为氢氧化镍,负极为氢氧化镉。

镍镉蓄电池的优点是:比能量高于铅蓄电池,循环使用寿命比铅蓄电池长,快速充电性能好,密封式电池使用免维护。缺点是:成本高,有"记忆"效应。由于镉是有毒的,因此,废

电池应回收。

2. 干电池

干电池的种类较多，但以锌锰干电池（即普通干电池）最为人们所熟悉，在实际应用中也最普遍。

锌锰干电池分糊式、层叠式、纸板式和碱性型等数种，以糊式和层叠式应用最为广泛。

锌锰干电池阴极为芯片，阳极为碳棒（由二氧化锰和石墨组成），电解质为氧化铵和氧化锌水溶液。二氧化锰的作用是在碳棒上生成氢气并氧化成水，防止碳棒过早极化。

3. 微型电池

微型电池是随着现代科学技术发展，尤其是电子技术的迅猛发展，为满足实际需要而出现的一种小型化的电源装置。它既可制成一次电池，也可制成二次电池，广泛应用于电子表、计算器、照相机等电子电器中。

微型电池分为两大类，一类是微型碱性电池，品种有锌氧化银电池、汞电池、锌镍电池等，其中以锌氧化银电池应用最为普遍；另一类是微型锂电池，品种有锂锰电池、锂碘电池等，以锂锰电池最为常见。

4. 光电池

光电池是一种能把光能转换成电能的半导体器件。太阳能电池是普遍使用的一种光电池，采用材料以硅为主。通常将单晶体硅太阳能电池通过串联和并联组成大面积的硅光电池组，可用作人造卫星、航标灯以及边远地区的电源。

为了解决无太阳光时负载的用电问题，一般将硅太阳能电池和蓄电池配合使用。有太阳光时，由硅太阳能电池向负载供电，同时蓄电池充电；无太阳光时，蓄电池向负载供电。

本 章 小 结

1. 闭合电路内的电流与电源的电动势成正比，与整个电路的电阻成反比，这就是闭合电路的欧姆定律，即

$$I = \frac{E}{R + r}$$

式中，E、r 是由电源决定的参数，R 是由外电路的结构决定的，外电路结构发生变化时，R 随之发生变化，与之相应的电路中的电流、电压分配关系以及功率的消耗等都要发生变化。

2. 在闭合电路中，电源端电压随负载电流变化的规律：$U = E - rI$，叫做电源的外特性。

3. 串联电路的基本特点：电路中各处的电流相等；电路两端的总电压等于各分电路两端的电压之和；串联电路的总电阻，等于各个电阻之和。

4. 并联电路的基本特点：电路中各支路两端的电压相等；电路的总电流等于各支路的电流之和；并联电路的总电阻的倒数，等于各个电阻的倒数之和。

5. 电阻的测量可采用欧姆表、伏安法和惠斯通电桥,要注意它们的测量方法和适用条件。

6. 电路中某点的电位,就是该点与零电位之间的电压(电位差)。计算某点的电位,可以从这点出发通过一定的路径绕到零电位点,该点的电位即等于此路径上全部电压降的代数和。

习 题

1. 电源的电动势为 1.5 V,内电阻为 0.12 Ω,外电路的电阻为 1.38 Ω,求电路中的电流和端电压。

2. 电动势为 2 V 的电源,与 9 Ω 的电阻接成闭合电路,电源两极间的电压为 1.8 V,求电源的内电阻。

3. 在图 3-3 中,加接一个电流表,就可以测出电源的电动势和内电阻。当滑线变阻器的滑动片在某一位置时,电流表和电压表的读数分 0.2 A 和 1.98 V;改变滑片的位置后,两表的读数分别是 0.4 A 和 1.96 V,求电池的电动势和内电阻。

4. 在图 3-46 中,当开关 S 扳向 2 时,电压表读数为 6.3 V;当开关 S 扳向 1 时,电流表读数为 3 A。已知 R =2 Ω,求电源的内阻。

5. 有 10 个相同的蓄电池,每个蓄电池的电动势为 2 V,内电阻为 0.04 Ω,把这些蓄电池接成串联电池组,外接电阻为 3.6 Ω,求电路中的电流和每个蓄电池两端的电压。

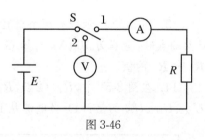

图 3-46

6. 有两个相同的电池,每个电池的电动势为 1.5 V,内电阻为 1 Ω,把这两个电池接成并联电池组,外接电阻为 9.5 Ω,求通过外电路的电流和电池两端的电压。

7. 现有电动势为 1.5 V,内电阻为 1 Ω 的电池若干,每个电池允许输出的电流为 0.05 A,又有不同阻值的电阻可作为分压电阻。试设计一个电路,使额定电压为 6 V,额定电流为 0.1 A 的用电器正常工作。画出电路图,并标明分压电阻的阻值。

8. 图 3-47 中,1 kΩ 电位器两头各串联 100 Ω 电阻一只,求当改变电位器滑动触点时,U_2 的变化范围。

9. 有一个电流表,内阻为 100 Ω 时,满偏电流为 3 mA,要把它改装成量程为 6 V 的电压表,需串联多大的分压电阻? 要把它改装成量程为 3 A 的电流表,需并联多大的分流电阻?

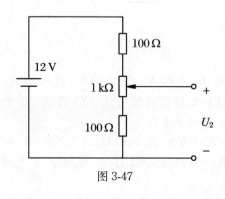

图 3-47

10. 两个电阻并联,其中 R_1 为 $200\,\Omega$,通过 R_1 的电流 I_1 为 $0.2\,A$,通过整个并联电路的电流 I 为 $0.8\,A$,求 R_2 和通过 R_2 的电流 I_2。

11. 有一电流表,内阻为 $0.03\,\Omega$,量程为 $3\,A$。测量电阻 R 中的电流时,本应与 R 串联,如果不注意,错把电流表与 R 并联了,如图 3-48 所示,将会产生什么后果?假设 R 两端的电压为 $3\,V$。

12. 如图 3-49 所示,电源的电动势为 $8\,V$,内电阻为 $1\,\Omega$,外电路有三个电阻,R_1 为 5.8 Ω,R_2 为 $2\,\Omega$,R_3 为 $3\,\Omega$。求:(1) 通过各电阻的电流;(2) 外电路中各个电阻上的电压降和电源内部的电压降;(3) 外电路中各个电阻消耗的功率,电源内部消耗的功率和电源的总功率。

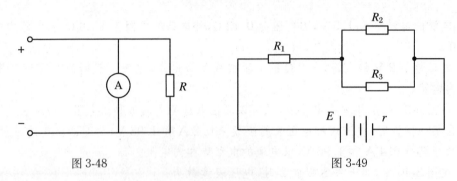

图 3-48   图 3-49

13. 图 3-50 所示是有两个量程的电压表,当使用 a、b 两端点时,量程为 $10\,V$,当使用 a、c 两端点时,量程为 $100\,V$,已知 G 的内阻 R_g 为 $500\,\Omega$,满偏电流 I_g 为 $1\,mA$,求分压电阻 R_1 和 R_2 的值。

14. 在图 3-51 中,$R_1 = 2\,\Omega$,$R_2 = 3\,\Omega$,$E_2 = 10\,V$,内阻不计,$I = 0.5\,A$,求下列情况下 U_{AC}、U_{BC}、U_{DC} 的值:(1) 当电流从 D 流向 A 时;(2) 当电流从 A 流向 D 时。

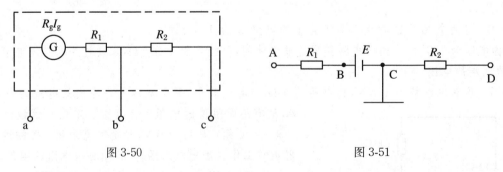

图 3-50   图 3-51

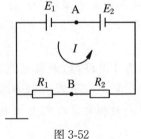

图 3-52

15. 在图 3-52 中,已知 $E_1 = 20\,V$,$E_2 = 10\,V$,内阻不计,$R_1 = 20\,\Omega$,$R_2 = 40\,\Omega$,求:(1) A、B 两点的电位;(2) 在 R_1 不变的条件下,要使 $U_{AB} = 0$,R_2 应为多大?

16. 在图 3-53 中,已知 $E_1 = 6\,V$,$E_2 = 10\,V$,内阻不计,$R_1 = 4\,\Omega$,$R_2 = 2\,\Omega$,$R_3 = 10\,\Omega$,$R_4 = 9\,\Omega$,$R_5 = 1\,\Omega$,求 A、B、F 三点的电位。

17. 在图 3-54 中,已知 $E_1 = 12\,V$,$E_2 = E_3 = 6\,V$,内阻不计,

$R_1 = R_2 = R_3 = 3\ \Omega$，求 U_{ab}、U_{bc}、U_{ac}。

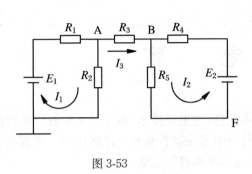

图 3-53

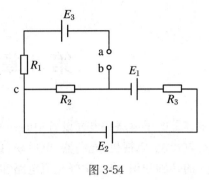

图 3-54

第 4 章 电 容

电容是电子电路和电气设备中的一种基本元件,在电子技术、电工技术中有很重要的应用。在收音机、电视机、充电器、电风扇、日光灯等电器中都有非常广泛的应用。掌握电容和电容器的基础知识,将为学好交流电路和电子技术课程打下基础。

【知识目标】

1. 理解电容器的电容概念和决定平行板电容器电容大小的因素,并掌握它的计算公式;

2. 掌握电容器串并联的性质以及等效电容和耐压计算;

3. 了解电容器的储能特性以及在电路中能量的转换规律,掌握电容器中电场能量的计算。

【技能目标】

1. 掌握电容器的标称、识别方法及各种电容器的识别;

2. 掌握用指针式和数字式万用表判断电容好坏的方法;

3. 掌握电解电容极性的判别方法。

4.1 电容器和电容

4.1.1 电容器

任何两个彼此绝缘而又互相靠近的导体,都可以看成是一个电容器,这两个导体就是电容器的两个极。最简单的电容器是平行板电容器,它由两块相互平行、靠得很近而又彼此绝缘的金属板组成。电容器的外形如图 4-1 所示,图 4-2 为电容器在电路中的应用。

使电容器带电的过程叫做充电,这时总是使它的一个导体带正电荷,另一个导体带等量的负电荷。每个导体所带电荷量的绝对值叫做电容器所带的电荷量。把平行板电容器的一个极板接电池组的正极,另一个极板接电池组的负极,两个极板就分别带上等量的异种电荷。充了电的电容器的两极板之间有电场。充电后的电容器失去电荷的过程叫做放电。用一根导线把电容器的两极接通,两极上的电荷互相中和,电容器就不带电了。放电后,两极板之间不再存在电场。

电容器具有隔直流通交流的特性,即电容器对于频率高的交流电的阻碍作用很小,即容抗小;反之,电容器对频率低的交流电产生的容抗大。对于同一频率的交流电。电容器的容量越大,容抗就越小,容量越小,容抗就越大。

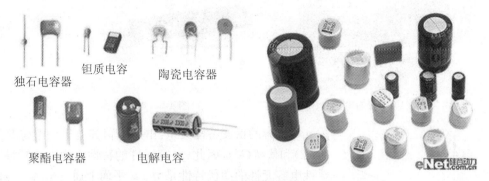

图 4-1　电容器的外形

图 4-2　电容器在电路中的应用

4.1.2　电容

电容是一种能够贮存电场能量的元件,如图 4-3 是实际电容器的理想化。电容器所带的电荷量 q 与它的两极板间的电压 u 的比值,叫做电容器的电容。电容的符号如图 4-3 用 C 表示,即

$$C = \frac{q}{u}$$

这里我们具体研究平行板电容器的电容,看看它的电容与哪些因素有关。经过实验及理论上的推导,可以得出,平行板电容器的电容与介电常数 ε 成正比,与正对面积 S 成正比,与两极板之间的距离 d 成反比。即:

图 4-3　电容的符号及表示方法

$$C = \frac{\varepsilon S}{d}$$

普通电容的外形如图 4-4,电解电容外形如图 4-5。

电容的单位为法[拉](F)。由于法[拉]单位太大,工程上常采用微法(μF)或皮法(pF)。它们的关系为:$1\ \mathrm{F} = 10^6\ \mu\mathrm{F},1\ \mu\mathrm{F} = 10^6\ \mathrm{pF}$。

图 4-4　普通电容

图 4-5　电解电容

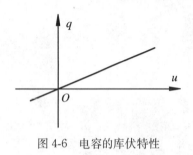

图 4-6　电容的库伏特性

电容的伏安特性关系：由于电荷和电压的单位是库仑（C）和伏特（V），因此，电容元件的特性称为库伏特性。线性电容元件的库伏特性是 q-u 平面上通过坐标原点的一条直线，如图 4-6 所示，直线的斜率为 C。库伏特性表明 q 与 u 的比值 C 是一个常数。

电容伏安特性关系为

$$i = C \frac{\mathrm{d}u}{\mathrm{d}t}$$

上式是电容伏安关系的伏安微分表达式。

4.1.3　电解电容极性的判别

不知道极性的电解电容可用万用表的电阻挡测量其极性。我们知道只有电解电容的正极接电源正（电阻挡时的黑表笔），负端接电源负（电阻挡时的红表笔）时，电解电容的漏电流才小（漏电阻大）。反之，电解电容的漏电流增加（漏电阻减小）。

测量时，先假定某极为"＋"极，让其与万用表的黑表笔相接，另一电极与万用表的红表笔相接，记下表针停止的刻度（表针靠左阻值大），然后将电容器放电（即两根引线碰一下），两只表笔对调，重新进行测量。两次测量中，表针最后停留的位置靠左（阻值大）的那次，黑表笔接的就是电解电容的正极。

测量时最好选用 R×100 或 R×1 k 挡。

4.1.4　用万用表判断电容器质量

根据电解电容器容量大小，通常选用万用表的 R×10、R×100、R×1 k 挡进行测试判断。红、黑表笔分别接电容器的负极（每次测试前，需将电容器放电），由表针的偏摆来判断电容器质量。若表针迅速向右摆起，然后慢慢向左退回原位，一般来说电容器是好的。如果表针摆起后不再回转，说明电容器已经击穿。如果表针摆起后逐渐退回到某一位置停止，则说明电容器已经漏电。如果表针摆不起来，说明电容器电解质已经干涸而失去容量。

有些漏电小的电容器，用上述方法不易准确判断出好坏。当电容器的耐压值大于万用表内电池电压值时，根据电解电容器正向充电时漏电电流小，反向充电时漏电电流大的特点，可采用 R×10 k 挡，对电容器进行反向充电，观察表针停留处是否稳定（即反向漏电电流是否恒定），由此判断电容器质量，准确度较高。黑表笔接电容器的负极，红表笔接电容器的正极，表针迅速摆起，然后逐渐退至某处停留不动，则说明电容器是好的，凡是表针在某一位置停留不稳或停留后又逐渐慢慢向右移动的电容器说明已经漏电，不能继续使用了。表针一般停留并稳定在 50～200 k 刻度范围内。

4.2　电容器的连接

4.2.1　电容器的串联

如图 4-7 所示，将几个电容器首尾依次连接在一起，就构成电容器的串联。

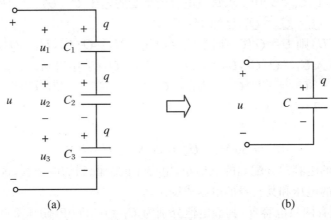

(a)　　　　　　　　　　　　(b)

图 4-7　电容器串联电路

电容器串联的特点：

（1）电容器串联电路的总电荷量与电路中各个电容电荷量相等，即 $Q = Q_1 = Q_2 = Q_3$。

（2）电容器串联电路的总电压等于电路中各个电容两端电压之和，即 $U = U_1 + U_2 + U_3$。

（3）电容器串联电路总电容的倒数等于各个电容倒数之和，即 $1/C = 1/C_1 + 1/C_2 + 1/C_3$。

其中推导过程为：因为 $Q = Q_1 = Q_2 = Q_3$，又因为 $U = U_1 + U_2 + U_3$ 而将 $U = Q/C$ 代入公式得到 $Q/C = Q/C_1 + Q/C_2 + Q/C_3$，即 $1/C = 1/C_1 + 1/C_2 + 1/C_3$，我们可以推广为 $1/C = 1/C_1 + 1/C_2 + \cdots 1/C_n$；当串联的几个电容是相同的电容时总电容 $C = C_0/n$。其中 C_0 表示连接的几个电容是相同的电容，n 表示串联电容个数。

从以上推导结果说明电容器串联时总电容的倒数是各个电容的倒数之和，总的等效电容比任何一个电容器的电容都要小。我们把电容器的串联和电阻的串联放在一个表上进行比较，如表 4-1 所示。

表 4-1　电容串联和电阻串联的比较

电容器串联特点		电阻串联特点	
物理量	$+q-q$　$+q-q$　$+q-q$ $+\ U_1\ -\ +\ U_2\ -\ +\ U_3\ -$	物理量	R_1　R_2　R_3 I
电荷量	$Q = Q_1 = Q_2 = \cdots = Q_n$	电流	$I_1 = I_2 = I_3 = \cdots = I_n$
电压	$U = U_1 + U_2 + \cdots + U_n$	电压	$U_1 + U_2 + U_3 + \cdots + U_n$
电容	$1/C = 1/C_1 + 1/C_2 + 1/C_3$	电阻	$R = R_1 + R_2 + \cdots + R_n$
公式	$C = \varepsilon S/d$	公式	$R = \rho L/S$
作用	获得较大的耐压	作用	获得较大的电阻
记忆	形似串联,神似并联(电阻电路)		

【例 4.1】　如图 4-7,三个电容器 C_1、C_2、C_3 串联起来后,接到 60 V 的电压上,其中 $C_1 = 2\,\mu\mathrm{F}$,$C_2 = 3\,\mu\mathrm{F}$,$C_3 = 6\,\mu\mathrm{F}$。求每只电容器承受的电压 U_1、U_2、U_3 是多少?

解　因为 $Q = Q_1 = Q_2 = Q_3$,已知 $U = 60$ V。

又因为 $Q = CU$,则 $U = Q/C$,所以 $U_1 = Q/C_1$,$U_2 = Q/C_2$,$U_3 = Q/C_3$。

把 $Q = CU$ 代入 $U_1 = Q/C_1$,$U_2 = Q/C_2$ 和 $U_3 = Q/C_3$ 中得到

$$U_1 = CU/C_1,\quad U_2 = CU/C_2,\quad U_3 = CU/C_3$$

因为 $1/C = 1/C_1 + 1/C_2 + 1/C_3$,将 $C = 1\,\mu\mathrm{F}$ 代入 $U_1 = CU/C_1$,$U_2 = CU/C_2$ 和 $U_3 = CU/C_3$ 中,得

$$U_1 = 30\ \mathrm{V},\quad U_2 = 20\ \mathrm{V},\quad U_3 = 10\ \mathrm{V}$$

总结:电容大的电容器分配到的电压小,电容小的分配到的电压大,即电容在串联电路中,各个电容两端的电压和其自身的电容成反比。

【例 4.2】　现有两只电容器,其额定值分别为 $C_1 = 0.25\,\mu\mathrm{F}$,耐压 200 V,$C_2 = 0.5\,\mu\mathrm{F}$,耐压 300 V,问把它们串联后接在 360 V 电压,问电路能否正常工作?

解　例 4.1 我们得到电容串联电路各个电容两端的电压和其自身的电容成反比,按例 4.1 的方法得 $U_1 = 240$ V,$U_2 = 120$ V。可看出 C_1 不能正常工作而 C_2 可以正常工作。

4.2.2　电容器的并联

如图 4-8 把几个电容器正极连在一起,负极连在一起,就构成电容器的并联。

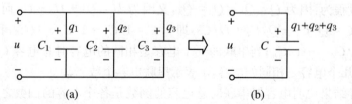

(a)　　　　　　　　　　　　(b)

图 4-8　电容器并联

电容器并联的特点:

（1）电容器并联电路的总电压与各个电容两端电压相等，即 $U = U_1 = U_2 = U_3$。

（2）电容器并联电路的总电荷量等于电路中各个电容电荷量之和，即 $Q = Q_1 + Q_2 + Q_3$。

（3）因为 $U = U_1 = U_2 = U_3$，又因为 $Q = Q_1 + Q_2 + Q_3$，而将 $Q = CU$ 代入公式，得 $CU = C_1 U + C_2 U + C_3 U$，即 $C = C_1 + C_2 + C_3$。

这个推导结果说明并联电容器的总电容等于各个电容器的电容之和。

我们把电容器的并联和电阻的并联放在一个表上进行比较，如表 4-2 所示。

表 4-2 电容并联和电阻并联的比较

电容器并联特点		电阻并联特点	
物理量	$+q_1\ C_1\ +q_2\ C_2\ +q_3\ C_3$ $-q_1\quad -q_2\quad -q_3\quad U$	物理量	$I_1\ R_1$ $I\quad I_2\ R_2$ $I_3\ R_3$ $+\quad U\quad -$
电荷量	$Q = Q_1 + Q_2 + \cdots + Q_n$	电流	$I = I_1 + I_2 + I_3 + \cdots + I_n$
电压	$U = U_1 = U_2 = \cdots = U_n$	电压	$U_1 = U_2 = U_3 = \cdots = U_n$
电容	$C = C_1 + C_2 + \cdots + C_3$ $(C = nC_o)$	电阻	$1/R = 1/R_1 + 1/R_2 + \cdots + 1/R_n$
公式	$C = \varepsilon S/d$	公式	$R = \rho L/S$
作用	获得较大的电容	作用	获得较大的电流
记忆	形似并联，神似串联（电阻电路）		

【例 4.3】 现有两只电容器，其额定值分别为 $C_1 = 0.25\ \mu F$，耐压 200 V，$C_2 = 0.5\ \mu F$，耐压 300 V，问把它们并联后接在 200 V 电压上，电路能否正常工作？等效电容为多少？

解 等效电容 $C = C_1 + C_2 = 0.75\ \mu F$，因为电容器并联总电压与各个电容两端电压相等，所以 C_1、C_2 的电压都是 200 V，根据题意 C_1，C_2 两只电容器均能正常工作。

4.2.3 电容器的混联

电容器的连接中既有串联又有并联就构成电容器的混联。图 4-9 分析过程跟解电阻混联方法一致，请读者自行分析一下图 4-9（a）和（b）的总电容 C 为多少。

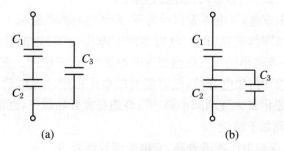

(a)   (b)

图 4-9 电容器的混联

4.3   电容器的充电和放电

把电容器的两个电极分别接在电源的正、负极上,过一会儿即使把电源断开,两个引脚间仍然会有电压(可以用万用表观察),我们说电容器储存了电荷。电容器极板间建立起电压,积蓄起电能,这个过程称为电容器的充电,充好电的电容器两端有一定的电压。电容器储存的电荷向电路释放的过程,称为电容器的放电。

如图 4-10 所示电路是 RC 电路的充、放电过程实验原理图。为了便于观察电容器两端电压 u_c 的变化,设计电路的充电时间常数 τ 较大,时间常数 τ 决定充电过程的快慢。时间常数 τ 越大,则充电的速度越慢,过渡过程越长,时间常数 τ 越小,则充电的速度越快,过渡过程越短,这就是时间常数的物理意义;时间常数 τ 只取决于 RC 电路的参数 R 和 C,与电

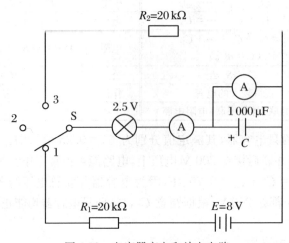

图 4-10   电容器充电和放电电路

路的初始储能无关,它反映了电路本身的固有性质。通过以下实验步骤观察现象:

(1) 按原理图(图 4-10)进行电路连接,注意电解电容的极性不能接反。将开关暂时置于 2 位置,充电前用导线将电容器两极短接放电。

(2) 观察电容器未充电时,电压表指示为零,表明电容器两极板上没有电量。

(3) 当开关合向"1"时,充电开始,电容器两端电压由"0"逐渐升高最后到达某一稳定值;同时电流由最大逐渐减小到"0";灯泡亮度开始最亮,逐渐熄灭。充电结束。

(4) 当开关合向"3"时,放电开始,电容器两端电压由刚才充电后的某一稳定值逐渐减少到"0";同时电流还是由最大逐渐减小到"0";灯泡亮度开始最亮,逐渐熄灭。放电结束。

根据以上实验得到如下结论:

(1) 充电过程中,两端电压逐渐升高,充电电流逐渐减少。

(2) 放电过程中,两端电压逐渐降低,放电电流逐渐减少。

(3) 电容器两端电压不能突变。

通过对电容器充、放电过程的分析可知：当电容器极板上所储存的电荷发生变化时，电路中就有电流流过；若电容器极板上所储存的电荷恒定不变，则电路中就没有电流流过。所以，电路中的电流为

$$i = \frac{\Delta Q}{\Delta t}$$

因为

$$C = \frac{Q}{U} \Rightarrow \Delta Q = C \Delta U$$

推出电容器的充、放电电流：

$$i = C \frac{\Delta U_c}{\Delta t}$$

4.4　电容器的电场能量

在电压 u 和电流 i 的关联参考方向下，电容元件吸收的功率为
$$p = ui$$

通过相关公式我们对电容器充电后所储存的电能进行计算（过程较复杂略过），经过分析计算得到电容器上的电场能量为

$$W(t) = \frac{1}{2} C u^2(t)$$

上式表明，电容元件在任一时刻的储能，只取决于该时刻电容元件的电压值，而与电容元件的电流值无关。这就是说，只要电容有电压存在，它就存在储能。

从时间 t_1 到 t_2，电容元件吸收的电能为

$$W = C \int_{u(t_1)}^{u(t_2)} u \, du = \frac{1}{2} C u^2(t_2) - \frac{1}{2} C u^2(t_1) = W(t_2) - W(t_1)$$

当电容元件充电时，$|u(t_2)| > |u(t_1)|$，$W(t_2) > W(t_1)$，故在这段时间内元件吸收能量；电容放电时，$|u(t_2)| < |u(t_1)|$，$W(t_2) < W(t_1)$，在这段时间内元件释放能量。

由此可见，电容元件不消耗所吸收的能量，是一种储能元件。即电容器本身只与电源进行能量的交换，而并不消耗能量。电阻则与此不同，它在电路中的作用是把电能转换成热能，然后将热能辐射至空间或传递给别的物体，即是耗能元件。

当电容两端为直流电压时，电容的储能为

$$W_C = \frac{1}{2} C U^2$$

这里请注意大电容千万不能用手摸（指极板处）。

利用电容器储存电能和释放电能的特性我们可以

图 4-11　照相机闪光灯和心脏起搏器

将电容器用在照相机闪光灯和心脏起搏器等设备上。

阅读与应用

1. 电容器的种类

常用电容按介质区分为纸介电容、金属化纸介电容、云母电容、薄膜电容、陶瓷电容、电解电容等,如表 4-3 所示。

表 4-3　常用电容的结构和特点

电容种类	电容结构和特点
纸介电容	用两片金属箔做电极,夹在极薄的电容纸中,卷成圆柱形或者扁柱形芯子,然后密封在金属壳或者绝缘材料(如火漆、陶瓷、玻璃釉等)壳中制成。它的特点是体积较小,容量可以做得较大,但是固有电感和损耗都比较大,用于低频比较合适
云母电容	用金属箔或者在云母片上喷涂银层做电极板,极板和云母一层一层叠合后,再压铸在胶木粉或封固在环氧树脂中制成。它的特点是介质损耗小,绝缘电阻大、温度系数小,适宜用于高频电路
瓷介电容	用陶瓷做介质,在陶瓷基体两面喷涂银层,然后烧成银质薄膜做极板制成。它的特点是体积小、耐热性好、损耗小、绝缘电阻高,但容量小,适宜用于高频电路。铁电陶瓷电容容量较大,但是损耗和温度系数也较大,适宜用于低频电路
涤纶电容(聚苯乙烯电容)	结构和纸介电容相同,介质是涤纶或者聚苯乙烯。涤纶薄膜电容,介电常数较高,体积小,容量大,稳定性较好,适宜做旁路电容 聚苯乙烯薄膜电容,介质损耗小,绝缘电阻高,但是温度系数大,可用于高频电路
金属化纸介电容	结构和纸介电容基本相同。它是在电容器纸上覆上一层金属膜来代替金属箔,体积小,容量较大,一般用在低频电路中
铝电解电容	它由铝圆筒做负极,里面装有液体电解质,插入一片弯曲的铝带做正极制成。还需要经过直流电压处理,使正极片上形成一层氧化膜做介质。它的特点是容量大,但是漏电大,稳定性差,有正负极性,适宜用于电源滤波或者低频电路中。使用的时候,注意正负极不要接反
钽电解电容	它用金属钽或者铌做正极,用稀硫酸等配液做负极,用钽或铌表面生成的氧化膜做介质制成。它的特点是体积小、容量大、性能稳定、寿命长、绝缘电阻大、温度特性好。用在要求较高的设备中
微调电容	也叫做半可变电容。它由两片或者两组小型金属弹片,中间夹着介质制成。调节的时候改变两片之间的距离或者面积。它的介质有空气、陶瓷、云母、薄膜等
可变电容	它由一组定片和一组动片组成,它的容量随着动片的转动可以连续改变。把两组可变电容装在一起同轴转动,叫做双连。可变电容的介质有空气和聚苯乙烯两种。空气介质可变电容体积大,损耗小,多用在电子管收音机中。聚苯乙烯介质可变电容做成密封式的,体积小,多用在晶体管收音机中

2. 电容器的标称容量

电容器上标有的电容数是电容器的标称容量。电容器的标称容量和它的实际容量会有误差。常用固定电容允许误差的等级见表 4-4。常用固定电容的标称容量系列见表 4-5。

表 4-4 常用固定电容允许误差的等级

允许误差	±2%	±5%	±10%	±20%	+20%−30%	+50%−20%	+100%−10%
级别	02	Ⅰ	Ⅱ	Ⅲ	Ⅳ	Ⅴ	Ⅵ

表 4-5 常用固定电容的标称容量系列

电容类别	允许误差	容量范围	标称容量系列
纸介电容、金属化纸介电容、纸膜复合介质电容、低频(有极性)有机薄膜介质电容	±5% ±10% ±20%	100 pF~1 μF	1.0 1.5 2.2 3.3 4.7 6.8
		1 μF~100 μF	1 2 4 6 8 10 15 20 30 50 60 80 100
高频(无极性)有机薄膜介质电容、瓷介电容、玻璃釉电容、云母电容	±5%		1.1 1.2 1.3 1.5 1.6 1.8 2.0 2.4 2.7 3.0 3.3 3.6 3.9 4.3 4.7 5.1 5.6 6.8 7.5 8.2 9.1
	±10%		1.0 1.2 1.5 1.8 2.2 2.7 3.3 3.9 4.7 5.6 6.8 8.2
	±20%		1.0 1.5 2.2 3.3 4.7 6.8
铝、钽、铌、钛电解电容	±10% ±20% +50/−20% +100/−10%		1.0 1.5 2.2 3.3 4.7 6.8 (容量单位 μF)

3. 电容器的耐压

电容长期可靠地工作,它能承受的最大直流电压,就是电容的耐压,也叫做电容的直流工作电压。如果在交流电路中,要注意所加的交流电压最大值不能超过电容的直流工作电压值。表 4-6 是常用固定电容直流工作电压系列。有 * 的数值,只限电解电容用。

表 4-6 常用固定电容的直流电压系列

1.6	4	6.3	10	16	25	32*	40	50	63
100	125*	160	250	300*	400	450*	500	630	1 000

由于电容两极之间的介质不是绝对的绝缘体,它的电阻不是无限大,而是一个有限的数值,一般在 1000 兆欧以上。电容两极之间的电阻叫做绝缘电阻,或者叫做漏电电阻。漏电电阻越小,漏电越严重。电容漏电会引起能量损耗,这种损耗不仅影响电容的寿命,而且会影响电路的工作。因此,漏电电阻越大越好。

4. 电容器的型号和参数

电容的种类很多,表 4-7 列出电容的类别和符号,表 4-8 是常用电容的几项参数。

5. 电容器的标称及识别方法

由于电容体积要比电阻大,所以一般都使用直接标称法。如果数字是 0.001,那它代表的是 0.001 μF=1 nF,如果是 10 n,那么就是 10 nF,同样 100 p 就是 100 pF。不标单位的直接表示法:用 1~4 位数字表示,容量单位为 pF,如 350 为 350 pF,3 为 3 pF,0.5 为 0.5 pF。一些电容直接把容量和单位标注在上,这样更一目了然。

电容器的色标法与电阻相同,沿电容引线方向,用不同的颜色表示不同的数字,第一,二,三种色环表示电容量,第四种色环表示有效数字后零的个数(单位为 pF),第五环为误差环,如果只有四环则第一,二种色环表示电容量,第三种颜色表示有效数字后零的个数,第四环为误差环。

表 4-7 电容的类别和符号

顺序	类别	名称	简称	称号
第一个字母	主称	电容器	容	C
第二个字母	介质材料	纸介 电解 云母 高频瓷介 低频瓷介 金属化纸介 聚苯乙烯等有机 薄膜涤纶	纸 电 云 瓷	Z D Y C T J B L
第三个字母以后	形状	筒形 管状 立式矩形 圆片形	筒 管 立 圆	T G L Y
	结构	密封	密	M
	大小	小型	小	X

表 4-8 常用电容的几项参数

电容种类	容量范围	直流工作电压 (V)	运用频率 (MHz)	准确度	漏电电阻 (MΩ)
中小型纸介电容	470 pF~0.22 μF	63~630	8 以下	Ⅰ~Ⅲ	>5 000
金属壳密封纸介电容	0.01 μF~10 μF	250~1 600	直流,脉动直流	Ⅰ~Ⅲ	>1 000~5 000
中小型金属化纸介电容	0.01 μF~0.22 μF	160、250、400	8 以下	Ⅰ~Ⅲ	>2 000
金属壳密封金属化纸介电容	0.22 μF~30 μF	160~1 600	直流,脉动电流	Ⅰ~Ⅲ	>30~5000
薄膜电容	3 pF~0.1 μF	63~500	高频、低频	Ⅰ~Ⅲ	>10 000
云母电容	10 pF~0.51 μF	100~7 000	75~250 以下	02~Ⅲ	>10 000
瓷介电容	1 pF~0.1 μF	63~630	低频、高频 50~3 000 以下	02~Ⅲ	>10 000
铝电解电容	1 μF~10 000 μF	4~500	直流,脉动直流	Ⅳ Ⅴ	
钽、铌电解电容	0.47 μF~1 000 μF	6.3~160	直流,脉动直流	Ⅲ Ⅳ	
瓷介微调电容	2/7 pF~7/25 pF	250~500	高频		>1 000~10 000
可变电容	最小>7 pF 最大<1 100 pF	100 以上	低频,高频		>500

电容的识别:看它上面的标称,一般有标出容量和正负极,也有用引脚长短来区别正负极的,长脚为正,短脚为负。

本 章 小 结

1. 任何两个相互靠近又彼此绝缘的导体,都可以看成是一个电容器。

2. 电容器所带的电荷量与它两极板间电压的比值,叫做电容器的电容,即

$$C = \frac{q}{u}$$

3. 电容是电容器的固有特性,外界条件变化、电容器是否带电或带多少电都不会使电容改变。平行板电容器的电容是由两极板的正对面积、两极板间的距离以及两极板间的介质决定的,即

$$C = \frac{\varepsilon S}{d}$$

4. 电容器的连接方法有并联、串联和混联三种。并联时电压相等,等效电容等于各并联电容器的电容之和:$C = C_1 + C_2 + C_3$;电容器串联时,各电容器上的电压与它的电容成反比,等效电容的倒数等于各电容器的电容的倒数之和:$1/C = 1/C_1 + 1/C_2 + 1/C_3$。

5. 电容器是储能元件。充电时把能量储存起来,放电时把储存的能量释放出去,储存在电容器中的电场能量为

$$W_C = \frac{1}{2} C U^2$$

若电容器极板上所储存的电荷恒定不变,则电路中就没有电流流过;当电容器极板上所储存的电荷发生变化时,电路中就有电流流过,电路中的电流为

$$i = C \frac{\Delta U_c}{\Delta t}$$

6. 加在电容器两极板上的电压不能超过某一限度,一旦超过这个限度,电介质将被击穿,电容器将损坏。这个极限电压叫击穿电压,电容器的安全工作电压应低于击穿电压。一般电容器均标有电容量、允许误差和额定电压(即耐压)。

习 题

1. 电容的大小与哪些因素有关?

2. 在电容器充、放电过程中,为什么电路中会出现电流? 这个电流和电容器的端电压有无关系?

3. 有两个电容器,一个电容较大,另一个电容较小,如果它们所带的电荷量一样,那么哪一个电容器上的电压高? 如果它们充得的电压相等,那么哪一个电容器的电荷量高?

4. 有人说"电容器带电多电容就大,带电少电容就少,不带电则没有电容。"这种说法对吗? 为什么?

5. 三个相同的电容器接成如图 4-12(a)(b)所示的电容器组,设每个电容器的电容为 C,分别求出每个电容器组的总电容。

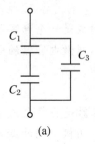   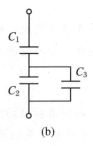

　　　　　(a)　　　　　　　　　　　　　　(b)

图 4-12

6. 电容分别为 $20\,\mu\text{F}$ 和 $50\,\mu\text{F}$ 的两个电容器并联后,接在电压为 $100\,\text{V}$ 的电路上,它们共带多少电荷量?

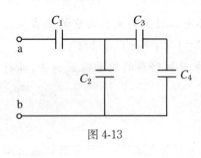

图 4-13

7. 在图 4-13 所示电路中,请计算 a、b 间的总电容为多少?

8. 两个相同的电容器,标有"100 pF、600 V",串联后接到 $900\,\text{V}$ 的电路上,每个电容器带多少电荷量? 加在每个电容器上的电压是多大? 电容器是否会被击穿?

9. 把"100 pF、600 V"和"300 pF、300 V"的电容器串联后,接到 $900\,\text{V}$ 的电路上,电容器会被击穿吗? 为什么?

10. 现有两只电容器,其中一只电容为 $0.25\,\mu\text{F}$,耐压为 $250\,\text{V}$,另一只电容为 $0.5\,\mu\text{F}$,耐压为 $300\,\text{V}$。试求:(1) 它们串联以后的耐压值;(2) 它们并联以后的耐压值。

11. 某一电容为 $4\,\mu\text{F}$,充电到 $600\,\text{V}$,求所储存的电能。

12. 一个 $10\,\mu\text{F}$ 的电容器已被充电到 $100\,\text{V}$,今欲继续充电到 $200\,\text{V}$,问电容器可增加多少电场能?

13. 如何选用电容器使用时才会合理、安全?

14. 如何用万用表粗略测试电容器质量的好坏?

第5章　磁场和磁路

【知识目标】

1. 了解直线电流、环形电流以及螺线管电流的磁场,会用右手定则判断其磁场的方向;

2. 理解磁感应强度、磁通、磁导率、磁场强度的概念;

3. 了解匀强磁场的性质及有关计算;

4. 掌握磁场对电流作用力的有关计算及方向的判断,了解磁场对通电线圈的作用;

5. 了解铁磁性物质的磁化、磁化曲线和磁滞回线;

6. 了解磁动势和磁阻的概念。

【技能目标】

1. 注意培养学生分析、思考物理现象的能力,着重培养学生如何抽象出隐藏在具体现象背后的规律性的东西,并运用规律有步骤地去分析、解决实际问题;

2. 会用右手定则判断电流产生的磁场的方向,会用左手定则判断电流在磁场中的受力方向。

5.1　电流的磁效应

5.1.1　磁体及其性质

磁是物质运动的一种基本形式,由电荷运动所产生。某些物体能够吸引铁、镍、钴等物质的性质称为磁性,具有磁性的物体称为磁体。磁体分天然磁体和人造磁体两大类。

天然磁体:天然存在的磁体,如 Fe_3O_4。

人造磁体:人工制造的磁体,包括永久磁体(如计算机中的磁盘)和暂时磁体(如起重电磁铁)。

永久磁体的磁性可长期保存,暂时磁体的磁性是暂时的,它随外部磁化条件的消失而消失。

磁体两端磁性最强的部分称磁极。可以在水平面内自由转动的磁针,静止后总是一个磁极指南,另一个指北。指北的磁极称北极(N);指南的磁极称南极(S)。如图5-1所示。

任何磁体都具有两个磁极,而且无论把磁体怎样分割总保持有两个异性磁极。磁场跟电场一样,是一种物质,因而也具有力和能的性质。与电荷间的相互作用力相似,当两个磁极靠近时,它们之间也会产生相互作用的力:同名磁极相互排斥,异名磁极相互吸引。如图

5-2 所示。

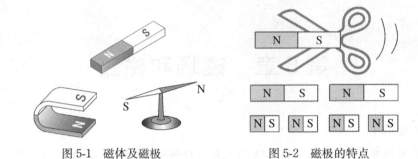

图 5-1　磁体及磁极　　　　　　　　图 5-2　磁极的特点

5.1.2　磁场与磁感线

在磁体周围的空间中存在着一种特殊的物质——磁场。

磁极之间的作用力通过磁场进行传递。

磁场的分布常用磁感线来描述。所谓磁感线,就是在磁场中画出一些曲线,在这些曲线上,每一点的切线方向,都跟该点的磁场方向相同,如图 5-3 所示。

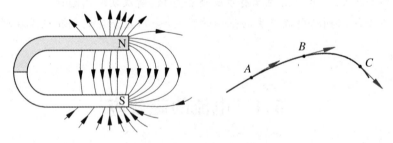

图 5-3　磁场与磁感线

5.1.3　电流的磁场(动电生磁)

把一条导线放在磁针附近,给导线通电,磁针就发生偏转,如图 5-4 所示。这说明不仅磁铁能产生磁场,电流也能产生磁场,这种现象称为电流的磁效应。电和磁是有密切联

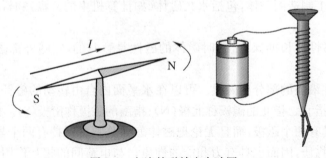

图 5-4　电流的磁效应实验图

系的。

　　如图 5-5 所示是直线电流的磁场。直线电流磁场的磁感线是一些以导线各点为圆心的同心圆,这些同心圆都在与导线垂直的平面上。

　　直线电流的方向跟它的磁感线方向之间的关系可以用安培定则(也叫右手螺旋法则)来判定:用右手握住导线,让伸直的大拇指所指的方向跟电流方向一致,那么弯曲的四指所指的方向就是磁感线的环绕方向,如图 5-5 所示。

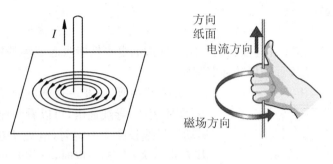

图 5-5　直线电流的磁场与右手螺旋法则

　　如图 5-6 所示是环形电流的磁场。环形电流磁场的磁感线是一些围绕环形导线的闭合曲线。在环形导线的中心轴线上,磁感线和环形导线的平面垂直。环形电流的方向跟它的磁感线方向之间的关系,也可以用安培定则来判定:让右手弯曲的四指和环形电流的方向一致,那么伸直的大拇指所指的方就是环形导线的中心轴线上磁感线的方向。

　　如图 5-7 所示是通电螺线管的磁场。螺线管通电以后表现出来的磁性,很像是一根条形磁铁,一端相当于 N 极,另一端相当于 S 极,改变电流方向,它的两极就

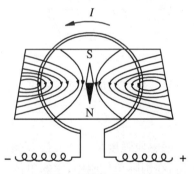

图 5-6　环形电流的磁场

对调。通电螺线管外部的磁感线和条形磁铁外部的磁感线相似,也是从 N 极出来,进入 S 极的。通电螺线管内部具有磁场,内部的磁感线跟螺线管的轴线平行,方向由 S 极指向 N 极,并和外部的磁感线连接,形成一些闭合曲线。通电螺线管的电流方向跟它的磁感线方向之间的关系,也可以用安培定则来判定:用右手握住螺线管,让弯曲的四指所指方向和电流的方向一致,那么伸直的大拇指所指的方向就是螺线管内部磁感线的方向,也就是说,大拇指指向通电螺线管的 N 极,如图 5-7 所示。

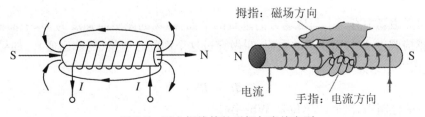

图 5-7　通电螺线管的磁场与安培定则

5.2 磁场的主要物理量

5.2.1 磁感应强度

磁场不仅有方向性,而且有强弱的不同。巨大的电磁铁能吸起成吨的钢铁,小的磁铁只能吸起小铁钉。怎样来表示磁场的强弱呢?

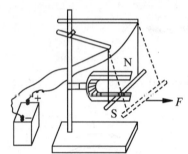

图 5-8 通电导线在磁场中的受力实验图

如图 5-8 所示,把一段通电导线垂直地放入磁场中,实验表明:导线通电,可以看到导线因受力而发生运动。导线长度 l 一定时,电流 I 越大,导线的磁场力 F 也越大;电流一定时,导线长度 l 越长,导线受到的磁场力 F 也越大。精确的实验表明:通电导线受到的磁场力 F 与通过的电流 I 和导线长度 l 成正比,或者说,F 与乘积 Il 成正比。

在磁场中垂直于磁场方向的通电导线,所受的磁场力 F 与电流 I 和导线长度 l 的乘积 Il 的比值叫做通电导线所在处的磁感应强度。如果用 B 表示磁感应强度,那么

$$B = \frac{F}{Il}$$

磁感应强度是一个矢量,它的方向就是该点的磁场方向。它的单位由 F、I 和 l 的单位决定,在国际单位制中,它的单位是 T(特)。

磁感应强度 B 可用专门的仪器来测量,如高斯计。用磁感线的疏密程度也可以形象地表示磁感应强度的大小。在磁感应强度大的地方磁感线密一些,在磁感应强度小的地方磁感线疏一些。

如果在磁场的某一区域里,磁感应强度的大小和方向都相同,这个区域就叫做匀强磁场。匀强磁场的磁感线,方向相同,疏密程度也一样,是一些分布均匀的平行直线。

5.2.2 磁通

设在匀强磁场中有一个与磁场方向垂直的平面,磁场的磁感应强度为 B,平面的面积为 S,定义磁感应强度 B 与面积 S 的乘积,叫做穿过这个面的磁通量(简称磁通)。如果用 Φ 表示磁通,那么

$$\Phi = BS$$

在国际单位制中,磁通的单位是 Wb(韦)。

引入了磁通这个概念,反过来也可以把磁感应强度看作是通过单位面积的磁通,由磁通

的定义式,可得

$$B = \frac{\Phi}{S}$$

即磁感应强度 B 可看作是通过单位面积的磁通,因此磁感应强度 B 也常叫做磁通密度,并用 Wb/m^2 作单位。

5.2.3　磁导率

1. 磁导率 μ

磁场中各点的磁感应强度 B 的大小不仅与产生磁场的电流和导体有关,还与磁场内媒介质(又叫做磁介质)的导磁性质有关。这一点可通过下面的实验来验证。

当我们用一个插有铁棒的通电线圈去吸引铁钉,然后把通电线圈中的铁棒换成铜棒再去吸引铁钉,便会发现两种情况下吸引力大小不同,前者比后者大得多。这表明不同的媒介质对磁场的影响是不同的,影响的程度与媒介质的导磁性质有关。

磁导率 μ 就是一个用来表示媒介质电磁性能的物理量,不同的媒介质有不同的磁导率,在相同的条件下,μ 值越大,磁感应强度 B 越大,磁场越强;μ 值越小,磁感应强度 B 越小,磁场越弱。μ 的单位为 H/m(亨/米)。由实验可测定,真空中的磁导率是一个常数,用 μ_0 表示,即

$$\mu_0 = 4\pi \times 10^{-7} \ H/m$$

空气、木材、玻璃、铜、铝等物质的磁导率与真空的磁导率非常接近。

2. 相对磁导率 μ_r

为便于对各种物质的导磁性能进行比较,以真空磁导率 μ_0 为基准,将其他物质的磁导率 μ 与 μ_0 比较,其比值叫相对磁导率,用 μ_r 表示,即

$$\mu_r = \frac{\mu}{\mu_0}$$

根据相对磁导率 μ_r 的大小,可将物质分为三类:

(1) 顺磁性物质:μ_r 略大于1,如空气、氧、锡、铝、铅等物质都是顺磁性物质。在磁场中放置顺磁性物质,磁感应强度 B 略有增加,也就是说,在这类物质中所产生的磁场要比在真空中强一些。

(2) 反磁性物质:μ_r 略小于1,如氢、铜、石墨、银、锌等物质都是反磁性物质,又叫做抗磁性物质。在磁场中放置反磁性物质,磁感应强度 B 略有减小。也就是说,在这类物质中所产生的磁场要比在真空中弱一些。

(3) 铁磁性物质:$\mu_r \gg 1$,且不是常数,如铁、钢、铸铁、镍、钴及某些合金等都是铁磁性物质。在磁场中放入铁磁性物质,可使磁感应强度 B 增加几千甚至几万倍,因而在电工技术方面应用甚广。

反磁性物质和顺磁性物质的相对磁导率都接近于1,因而除铁磁性物质外,其他物质的相对磁导率都可认为是1,并称这些物质为非铁磁性物质。

表 5-1 列出了几种常用的铁磁性物质的相对磁导率。

表 5-1   几种常用铁磁性物质的相对磁导率

材料	相对磁导率	材料	相对磁导率
钴	174	已经退火的铁	7 000
未经退火的铸铁	240	变压器钢片	7500
已经退火的铸铁	620	在真空中熔化的电解铁	12 950
镍	1 120	镍铁合金	60 000
软钢	2 180	"C"型玻莫合金	115 000

5.2.4   磁场强度

既然磁场中各点磁感应强度的大小与媒介质的性质有关,这就使磁场的计算显得比较复杂。因此,为了使磁场的计算简单,常用磁场强度这个物理量来表示磁场的性质。在磁场中,各点磁场强度的大小只与电流的大小和导体的形状有关,而与媒介质的性质无关。

磁场中某点的磁感应强度 B 与媒介质磁导率 μ 的比值,叫做该点的磁场强度,用 H 来表示,即

$$H = \frac{B}{\mu}$$

或

$$B = \mu H = \mu_0 \mu_r H$$

磁场强度也是一个矢量,在均匀的媒介质中,它的方向是和磁感应强度的方向一致的。在国际单位制中,它的单位为 A/m(安/米)。

5.3   磁场对电流的作用力

5.3.1   磁场对电流的作用力

通常把通电导体在磁场中受到的力称为电磁力,也称安培力。

把一小段通电导线垂直放入磁场中,根据通电导线受的力 F、导线中的电流 I 和导线长度 l 定义了磁感应强度 $B = \dfrac{F}{Il}$。把这个公式变形,就得到磁场对电流的作用力公式为

$$F = BIl$$

如果电流方向与磁场方向不垂直,而是有一个夹角 α,如图 5-9 所示。这时通电导线的有效长度为 $l\sin\alpha$。电磁力的计算式变为

$$F = BIl\sin\alpha$$

应用上述公式进行计算时,各量的单位,应采用国际单位制,即 F 用 N(牛),I 用 A(安),l 用 m(米),B 用 T(特)。

磁场力的方向可用左手定则来判定:伸出左手,使大拇指跟其余四个手指垂直,并且都

跟手掌在一个平面内,让磁感线垂直进入手心,并使四指指向电流方向,这时手掌所在的平面与磁感线和导线所在的平面垂直,大拇指所指的方向就是通电导线在磁场中受力的方向,如图 5-10 所示。

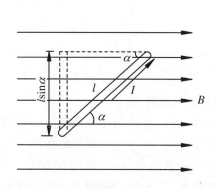

图 5-9　电流方向与磁场方向有一个夹角 α

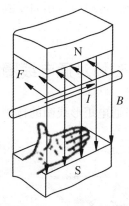

图 5-10　左手定则

5.3.2　通电平行直导线间的作用

　　两条相距较近且相互平行的直导线,当通以相同方向的电流时,它们相互吸引(图 5-11 左图);当通以相反方向的电流时,它们相互排斥(图 5-11 右图)。

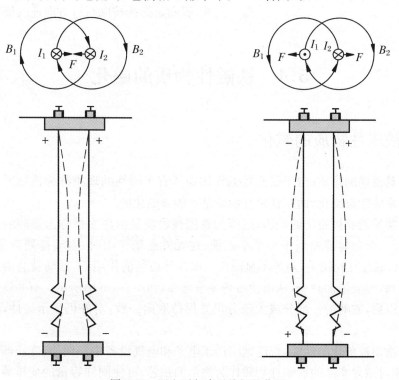

图 5-11　通电平行直导线间的作用

判断受力时,可以用右手螺旋法则判断每个电流产生的磁场方向,再用左手定则判断另一个电流在这个磁场中所受电磁力的方向。

发电厂或变电所的母线排就是这种互相平行的载流直导体,为了使母线不致因短路时所产生的巨大电磁力作用而受到破坏,所以每间隔一定间距就安装一个绝缘支柱,以平衡电磁力。

5.3.3 磁场对通电线圈的作用

磁场对通电矩形线圈的作用是电动机旋转的基本原理。

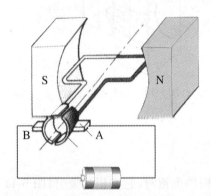

图 5-12 磁场对通电矩形线圈的作用

如图 5-12 所示,在均匀磁场中放入一个线圈,当给线圈通入电流时,它就会在电磁力的作用下旋转起来。当线圈平面与磁感线平行时,线圈在 N 极一侧的部分所受电磁力向下,在 S 极一侧的部分所受电磁力向上,线圈按顺时针方向转动,这时线圈所产生的转矩最大。当线圈平面与磁感线垂直时,电磁转矩为零,但线圈仍靠惯性继续转动。通过换向器的作用,与电源负极相连的电刷 A 始终与转到 N 极一侧的导线相连,电流方向恒为由 A 流出线圈;与电源正极相连的电刷 B 始终与转到 S 极一侧的导线相连,电流方向恒为由 B 流入线圈。因此,线圈始终能按顺时针方向连续旋转。

5.4 铁磁性物质的磁化

5.4.1 铁磁性物质的磁化

本来不具磁性的物质,由于受磁场的作用而具有了磁性的现象称为该物质被磁化。只有铁磁性物质才能被磁化,而非铁磁性物质是不能被磁化的。

铁磁性物质能够被磁化的内因,是因为铁磁性物质是由许多被称为磁畴的磁性小区域所组成的,每一个磁畴都相当于一个小磁铁,在无外磁场作用时,磁畴排列杂乱无章,如图 5-13(a)所示,磁性互相抵消,对外不显磁性。但在外磁场的作用下,磁畴就会沿着磁场的方向做取向排列,形成附加磁场,从而使磁场显著增强,如图 5-13(b)所示。有些铁磁性物质在去掉外磁场以后,磁畴的一部分或大部分仍然保持取向一致,对外仍显示磁性,这就成了永久磁铁。

铁磁性物质被磁化的性能,广泛地应用于电子和电气设备中。例如,变压器、继电器、电机等,采用相对磁导率高的铁磁性物质作为绕组的铁芯,可使同样容量的变压器、继电器、电机等的体积大大缩小,重量大大减轻;半导体收音机的天线线圈绕在铁氧体磁棒上,可以提高收音机的灵敏度。

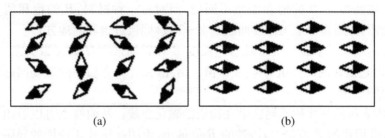

图 5-13　磁畴

各种铁磁性物质,由于其内部结构不同,磁化后的磁性各有差异,下面通过分析磁化曲线来了解各种铁磁性物质的特性。

5.4.2　磁化曲线

铁磁物质的 B 随 H 而变化的曲线称为磁化曲线,又称 B-H 曲线。

图 5-14(a)示出了测定磁化曲线的实验电路。将待测的铁磁物质制成圆环形,线圈密绕于环上。励磁电流由电流表测得,磁通由磁通表测得。

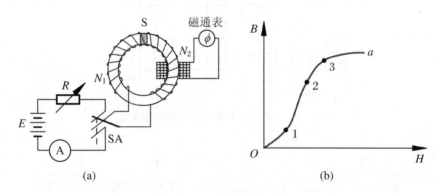

图 5-14　磁化曲线的测定

实验前,待测的铁芯是去磁的(即当 $H=0$ 时 $B=0$)。实验开始,接通电路,使电流 I 由零逐渐增加,即 H 由零逐渐增加,($H=IN/l$),B 随之变化。以 H 为横坐标、B 为纵坐标,将多组 B-H 对应值逐点描出,就是磁化曲线,如图 5-14(b)所示。由图可见,B 与 H 的关系是非线性的,即 $\mu=B/H$ 不是常数。现分析如下:

在 B-H 曲线起始的一段(0~1 段),曲线上升缓慢,这是由于磁畴的惯性,当 H 从零值开始增大时,B 增加较慢,这一段叫起始磁化段。

在曲线的 1~2 段,随着 H 的增大,B 几乎是直线上升的,这是由于磁畴在外磁场作用下大部分趋向 H 的方向,B 增加很快,曲线较陡,称为直线段。

在曲线的 2~3 段,随着 H 的增加,B 的上升又比较缓慢了,这是由于大部分磁畴方向已转向 H 的方向,随着 H 的增加只有少数磁畴继续转向,B 的增加变慢。

到达 3 点以后,磁畴几乎全部转到外磁场方向,再增大 H 值,也几乎没有磁畴可以转向了,曲线变得平坦,称为饱和段,这时的磁感应强度叫饱和磁感应强度。

不同的铁磁性物质,B 的饱和值是不同的,但对每一种材料,B 的饱和值却是一定的。对于电机和变压器,通常都是工作在曲线的 2～3 段(即接近饱和的地方)。

由于磁化曲线表示了媒介质中磁感应强度 B 和磁场强度 H 的函数关系,所以,若已知 H 值,就可以通过磁化曲线查出对应的 B 值。因此,在计算介质中的磁场问题时,磁化曲线是一个很重要的依据。

图 5-15 所表示的是几种不同铁磁性物质的磁化曲线。从曲线上可以看出,在相同的磁场强度 H 下,硅钢片的 B 值最大,铸铁的 B 值最小,说明硅钢片比铸铁的导磁性能好得多。各种电器的线圈中,一般都装有铁芯以获得较强的磁场。而且在设计时,常常是将其工作磁通取在磁化曲线的膝部,还常将铁芯制成闭合的形状,使磁感线沿铁芯构成回路。如图 5-16 所示。

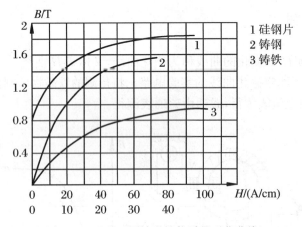

图 5-15　几种不同铁磁性物质的磁化曲线

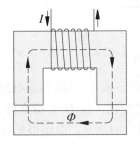 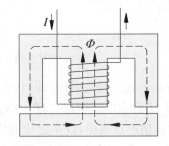

图 5-16　磁感线沿铁芯构成回路

5.4.3　磁滞回线

上面讨论的磁化曲线,只是反映了铁磁性物质在外磁场由零逐渐增强时的磁化过程。但在很多实际应用中,铁磁性物质是工作在交变磁场中的,所以,有必要研究铁磁性物质反复交变磁化的问题。

　　当 B 随 H 沿起始磁化曲线达到饱和值以后,逐渐减小 H 的数值,这时 B 并不是沿起始磁化曲线减小,而是沿另一条在它上面的曲线 ab 下降,如图 5-17 所示。当 H 渐至零时,B 值不等于零,而是保留一定的值称为剩磁,用 B_r 表示,永久磁铁就是利用剩磁很大的铁磁性物质制成的。为了消除剩磁,必须外加反方向的磁场,随着反方向磁场的增强,铁磁性物质逐渐退磁,当反方向磁场增大到一定的值时,B 值变为零,剩磁完全消失,bc 这一段曲线叫退磁曲线。这时的 H 值是为克服剩磁所加的磁场强度,称为矫顽磁力,用 H_c 表示。矫顽磁力的大小反映了铁磁性物质保存剩磁的能力。

　　当反方向磁场继续增大时,B 值就从零起改变方向,并沿曲线 cd 变化,铁磁性物质的反向磁化同样能达到饱和点 d。此时,若使反向磁场减弱到零,B-H 曲线将沿 de 变化,在 e 点 $H = 0$。再逐渐增大正向磁场,B-H 曲线将沿 efa 变化而完成一个循环。从整个过程看,B 的变化总是滞后于 H 的变化,这种现象称为磁滞现象。经过多次循环,可以得到一个封闭的对称与原点的闭合曲线($abcdefa$),叫做磁滞回线。

　　如果在线圈中改变交变电流幅值的大小,那么交变磁场强度 H 的幅值也将随之改变。在反复交变磁化中,可相应得到一系列大小不一的磁滞回线,连接各条磁滞回线的顶点,得到的一条曲线叫基本磁化曲线,如图 5-18 所示。由于大多数铁磁性物质是工作在交变磁场的情况下的,所以,基本磁化曲线很重要。一般资料中的磁化曲线都是指基本磁化曲线。

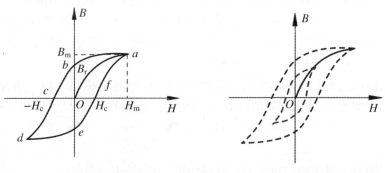

图 5-17　磁滞回线　　　　　　　　　图 5-18　基本磁化曲线

　　铁磁性物质的反复交变磁化,会损耗一定的能量,这是由于在交变磁化时,磁畴要来回翻转,在这个过程中,产生了能量损耗,这种损耗称为磁滞损耗。磁滞回线包围的面积越大,磁滞损耗就越大。所以,剩磁和矫顽磁力越大的铁磁性物质,磁滞损耗就越大。因此,磁滞回线的形状经常被用来判断铁磁性物质的性质和作为选择材料的依据。

5.5　磁路的基本概念

5.5.1　磁路

　　磁通经过的闭合路径叫做磁路。磁路也像电路一样,分为有分支磁路(图 5-19)和无分支磁路(图 5-20)。在无分支磁路中,通过每一个横截面的磁通都相等。

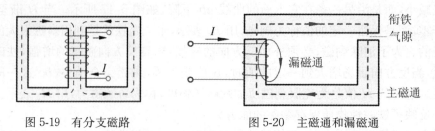

图 5-19 有分支磁路　　　　　图 5-20 主磁通和漏磁通

在图 5-20 中,当线圈中通以电流后,大部分磁感线(磁通)沿铁芯、衔铁和工作气隙构成回路,这部分磁通称为主磁通。还有一小部分磁通,它们没有经过工作气隙和衔铁,而经空气自成回路,这部分磁通称为漏磁通。与电路比较,磁路的漏磁现象要比电路的漏电现象严重得多。在漏磁不严重的情况下可将其忽略,只考虑主磁通。

5.5.2 磁路的欧姆定律

1. 磁动势

电流是产生磁场的原因,电流越大,磁场越强,磁通越多;通电线圈的每一匝都要产生磁通,这些磁通是彼此相加的(可用右手螺旋法则判定),线圈的匝数越多,磁通也就越多。因此,线圈所产生磁通的数目,随着线圈匝数和所通过的电流的增大而增加。即通电线圈产生的磁通与线圈匝数和所通过的电流的乘积成正比。

把通过线圈的电流和线圈的匝数的乘积,称为磁动势(也称磁通势),用符号 E_m 表示,单位是 A(安)。如用 N 表示线圈的匝数,I 表示通过线圈的电流,则磁动势可写成

$$E_m = IN$$

2. 磁阻

磁阻就是磁通通过磁路时所受到的阻碍作用,用符号 R_m 表示。

磁路中磁阻的大小与磁路的长度 l 成正比,与磁路的横截面积 S 成反比,并与组成磁路材料的性质有关,写成公式为

$$R_m = \frac{l}{\mu S}$$

上式中,若磁导率 μ 以 H/m 为单位,则长度 l 和截面积 S 要分别以 m 和 m^2 为单位,这样磁阻 R_m 的单位就是 1/H。

3. 磁路的欧姆定律

通过磁路的磁通与磁动势成正比,而与磁阻成反比,其公式为

$$\Phi = \frac{E_m}{R_m}$$

上式与电路的欧姆定律相似,磁通对应于电流,磁动势对应于电动势,磁阻对应于电阻,故叫做磁路的欧姆定律。由于铁磁材料磁导率的非线性,磁阻 R_m 不是常数,所以磁路欧姆定律只能对磁路作定性分析。

　　从上面的分析可知,磁路中的某些物理量与电路中的某些物理量有对应关系,同时磁路中某些物理量之间与电路中某些物理量之间也有相似的关系。

　　图 5-21 是相对应的两种电路和磁路,表 5-2 列出磁路与电路对应的物理量及其关系式。

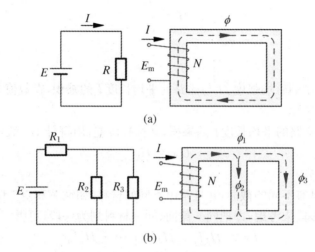

图 5-21　两种电路和磁路

表 5-2　磁路与电路对应的物理量及其关系式

电　路	磁　路
电流 I	磁通 Φ
电阻 $R = \rho \dfrac{l}{S}$	磁阻 $R_m = \dfrac{l}{\mu S}$
电阻率 ρ	磁导率 μ
电动势 E	磁动势 $E_m = IN$
电路欧姆定律 $I = \dfrac{E}{R}$	磁路欧姆定律 $\Phi = \dfrac{E_m}{R_m}$

5.5.3　全电流定律

　　在磁路的欧姆定律中,由于磁阻 R_m 与铁磁性物质的磁导率 μ 有关,所以,它不是一个常数,用它来进行磁路的计算很不方便,但却能帮助我们对磁路进行定性分析。全电流定律是磁场计算中的一个重要定律,现推导如下:

　　根据磁路的欧姆定律有

$$\Phi = \frac{E_m}{R_m}$$

将 $\Phi = BS$,$E_m = IN$,$R_m = \dfrac{l}{\mu S}$ 代入上式得

$$BS = \frac{IN}{l/\mu S} = \frac{\mu SIN}{l}$$

即

$$B = \mu \frac{IN}{l}$$

与公式 $B = \mu H$ 进行对照,则得

$$H = \frac{IN}{l}$$

或

$$IN = Hl$$

上式表明,磁路中的磁场强度 H 与磁路的平均长度 l 的乘积,在数值上等于激发磁场的磁动势,称为全电流定律。

磁场强度 H 与磁路的平均长度 l 的乘积,又称磁位差,用符号 U_m 表示,即

$$U_m = Hl$$

磁位差的单位是 A(安)。

若研究的磁路具有不同的截面,并且是由不同的材料(如铁芯和空气隙)构成的,则可以把一个磁路分成许多段来考虑,即把同一截面、同一材料划为一段,可得

$$IN = H_1 l_1 + H_2 l_2 + \cdots + H_n l_n$$

或

$$IN = \sum Hl = \sum U_m$$

【例题】 匀强磁场的磁感应强度为 5×10^{-2} T,媒介质是空气,与磁场方向平行的线段长 10 cm,求在这一线段上的磁位差。

解 先求磁场强度:

$$H = \frac{B}{\mu} = \frac{B}{\mu_0} = \frac{5 \times 10^{-2}}{4 \times 10^{-7}} \text{A/m} \approx 39\,809 \text{ A/m}$$

所以

$$U_m = Hl = 39\,809 \times 0.1 \text{ A} = 3\,980.9 \text{ A}$$

阅读与应用

铁磁性物质的分类

铁磁性物质根据磁滞回线的形状可以分为软磁性物质、硬磁性物质、矩磁性物质三大类。

1. 软磁性物质

软磁性物质的磁滞回线窄而陡,回线所包围的面积比较小,如图 5-22(a)所示。因而在交变磁场中的磁滞损耗小,比较容易磁化,但撤去外磁场,磁性基本消失,即剩磁和矫顽磁力都较小。

　　这种物质适用于需要反复磁化的场合,可以用来制造电机、变压器、仪表和电磁铁的铁芯。软磁物质主要有硅钢、玻莫合金(铁镍合金)和软磁铁氧体等。

2. 硬磁性物质

　　硬磁性物质的磁滞回线宽而平,回线所包围的面积比较大,如图 5-22(b)所示。因而在交变磁场中的磁滞损耗大,必须用较强的外加磁场才能使它磁化,但磁化以后撤去外磁场,仍能保留较大的剩磁,而且不易去磁,即矫顽磁力也较大。

　　这种物质适合于制成永久磁铁。硬磁性物质主要有钨钢、铬钢、钴钢和钡铁氧体等。

3. 矩磁性物质

　　这是一种具有矩形磁滞回线的铁磁性物质,如图 5-22(c)所示。它的特点是当很小的外磁场作用时,就能使它磁化并达到饱和,去掉外磁场时,磁感应强度仍然保持与饱和时一样。电子计算机中作为存储元件的环形磁心就是使用的这种物质。矩磁物质主要有锰镁铁氧体和锂锰铁氧体等。

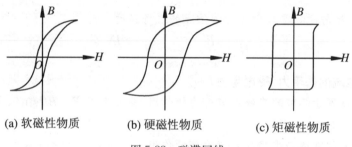

| (a) 软磁性物质 | (b) 硬磁性物质 | (c) 矩磁性物质 |

图 5-22　磁滞回线

　　此外,还有压磁性物质。它是一种磁致伸缩效应比较显著的铁磁性物质。在外磁场的作用下,磁体的长度会发生改变,这种现象叫做磁致伸缩效应。如果外加交变磁场,则磁致伸缩效应会使这种物质产生振动。这种物质可以用来制造超声波发生器和机械滤波器等。

本 章 小 结

1. 磁场

　　(1)磁场是磁体周围存在的一种特殊物质,磁体通过磁场发生相互作用。

　　(2)磁场的大小和方向可用磁感线来形象地描述:磁感线的疏密表示磁场的强弱,磁感线的切线方向表示磁场的方向。

2. 电流的磁效应

　　(1)通电导线周围存在着磁场,通电生磁的现象称为电流的磁效应。

　　(2)电流产生的磁场方向与电流的方向有关,可用安培定则,即右手螺旋定则来判断。

3. 描述磁场的物理量

　　(1)磁感应强度 B

B 是描述磁场强弱和磁场方向的物理量,它描述了磁场的力效应。当通电直导线与磁场垂直时,通过观察导线受力可知导线所在处的磁感应强度。

$$B = \frac{F}{Il}$$

(2) 磁通

匀强磁场中,穿过与磁感线垂直的某一截面的磁感线的条数,叫穿过这个面的磁通,

$$\Phi = BS$$

(3) 磁导率

磁导率是描述媒介质导磁性能的物理量。某一媒介质的磁导率与真空磁导率之比,叫这种介质的相对磁导率。

$$\mu_r = \frac{\mu}{\mu_0}$$

(4) 磁场强度

磁感应强度 B 与磁导率 μ 之比称为该点的磁场强度。

$$H = \frac{B}{\mu} \quad \text{或} \quad H = \frac{IN}{l}$$

4. 磁场对电流的作用力(磁电生力)

(1) 磁场对放置于其中的直线电流有力的作用,其大小为 $F = BIl\sin\theta$,方向可用左手定则(电动机定则)判断。

(2) 通电线圈放在磁场中将受到磁力矩的作用。

5. 铁磁性物质的磁化

(1) 铁磁性物质都能够磁化。铁磁性物质在反复磁化过程中,有饱和、剩磁、磁滞现象,并且有磁滞损耗。

(2) 铁磁性物质的 B 随 H 而变化的曲线称为磁化曲线,它表示了铁磁性物质的磁性能。磁滞回线常用来判断铁磁性物质的性质和作为选择材料的依据。

6. 磁路

(1) 磁通经过的闭合路径称为磁路。磁路中的磁通、磁动势和磁阻的关系,可用磁路欧姆定律来表示,即 $\Phi = \dfrac{E_m}{R_m}$,其中 $R_m = \dfrac{l}{\mu S}$。

(2) 由于铁磁性物质的磁导率 μ 不是常数,因此磁路欧姆定律一般不能直接用来进行磁路计算,只用于定性分析。

习　题

一、填空题

1. 通电导线的周围和磁铁的周围一样,存在着磁场。磁场具有 _____ 和 _____

的特性,它和电场一样是一种特殊物质。

磁场可以用_____来描述它的强弱和方向。

通电导线周围的磁场方向与电流方向之间的关系可用_____(也叫做_____)来判定。

对通电直导线,用右手握住导线,让伸直的大拇指指向_____,那么弯曲的四指指向_____的方向。

2. B、Φ、μ、H 为描述磁场的四个主要物理量。

(1) 磁感应强度 B 是描述磁场_____的物理量,当通电导线与磁场方向垂直时,其大小为_____。磁感应强度 B 的单位为_____。

(2) 在匀强磁场中,通过与磁感线方向垂直的某一截面的磁感线的总数,叫做穿过这个面的磁通,即 Φ =_____。

(3) 磁导率 μ 是用来表示媒介质_____的物理量。任一媒介质的磁导率与真空磁导率的比值叫做相对磁导率,即 μ_r =_____。

(4) 磁场强度为_____。

3. 通电导线在磁场中要受到磁场力的作用,磁场力的方向可用_____确定,其大小为_____。

左手定则的内容为:_____。

4. 铁磁性物质都能够磁化。铁磁性物质在反复磁化过程中,有饱和、剩磁、磁滞现象,而且还有磁滞损耗。所谓磁滞现象,就是_____;所谓剩磁现象,就是_____。

铁磁性物质的 B 随 H 而变化的曲线叫做磁化曲线,它表示了铁磁性物质的磁性能,磁滞回线的形状则常被用来判断铁磁性物质的性质和作为选择材料的依据。

5. 磁通经过的闭合路径叫做_____。磁路中的磁通、磁动势和磁阻之间的关系,可用磁路欧姆定律表示,即_____。

二、判断题

(1) 磁体上的两个极,一个叫做 N 极,另一个叫做 S 极,若把磁体截成两段,则一段为 N 极,另一段为 S 极。(　　)

(2) 磁感应强度是矢量,但磁场强度是标量,这是两者之间的根本区别。(　　)

(3) 通电导线在磁场中某处受到的力为零,则该处的磁感应强度一定为零。(　　)

(4) 两根靠得很近的平行直导线,若通以相同方向的电流,则它们互相吸引。(　　)

(5) 铁磁性物质的磁导率是一常数。(　　)

(6) 铁磁性物质在反复交变磁化过程中,H 的变化总是滞后于 B 的变化,叫做磁滞现象。(　　)

(7) 电磁铁的铁芯是由软磁性材料制成的。(　　)

三、选择题

(1) 判定通电导线或通电线圈产生磁场的方向用(　　)。

　　A. 右手定则　　　B. 右手螺旋法则　　　C. 左手定则　　　　D. 楞次定律

(2) 在匀强磁场中,原来载流导线所受的磁场力为 F,若电流增加到原来的两倍,这时载流导线所受的磁场力为(　　)。

A. F B. $2F$ C. $2F$ D. $4F$

(3) 空心线圈被插入铁芯后(　　)。

   A. 磁性将大大增强   B. 磁性将减弱   C. 磁性基本不变   D. 不能确定

(4) 为减小剩磁,电磁线圈的铁芯应采用(　　)。

   A. 硬磁性材料   B. 非磁性材料   C. 软磁性材料   D. 矩磁性材料

(5) 铁磁性物质的磁滞损耗与磁滞回线面积的关系是(　　)。

   A. 磁滞回线包围的面积越大,磁滞损耗也越大

   B. 磁滞回线包围的面积越小,磁滞损耗也越大

   C. 磁滞回线包围的面积大小与磁滞损耗无关

   D. 以上答案均不正确

四、计算题

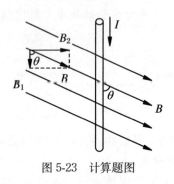

图 5-23 　计算题图

如图 5-23 所示:

(1) 一匀强磁场 $B = 0.4$ T;$L = 20$ cm;$\theta = 30°$;$I = 10$ A,求:直导线所受磁场力的大小和方向。

(2) 在匀强磁场中,穿过磁极极面的磁通 $\Phi = 3.84 \times 10^{-2}$ Wb,磁极边长分别是 4 cm 和 8 cm,截面积与磁场方向垂直。求磁极间的磁感应强度。

(3) 若已知磁感应强度 $B = 0.8$ T,铁芯的横截面积是 20 cm^2,求通过铁芯截面中的磁通。

第6章 电磁感应

【**知识目标**】
1. 理解电磁感应现象,掌握产生感应电流的条件,掌握楞次定律和右手定则;
2. 理解感应电动势的概念,掌握电磁感应定律以及感应电动势的计算公式;
3. 理解自感系数和互感系数的概念,并了解自感现象和互感现象及其在实际中的应用;
4. 理解互感线圈的同名端概念,掌握互感线圈的串联;
5. 理解电感器的储能特性及在电路中能量的转换规律,了解磁场能量的计算。

【**技能目标**】
1. 培养学生探究能力和思维想象能力;
2. 提高学生分析、解决问题能力;
3. 会用楞次定律、右手定则判断电磁感应现象产生的感应电动势和电流的方向。

6.1 电磁感应现象

电流能够产生磁场,反过来磁场是不是也能产生电流呢?下面用实验来研究这个问题。

如图 6-1 所示,如果让导体 AB 在磁场中向前或向后运动,电流表的指针就发生偏转,表明电路中有了电流。导体 AB 静止或上下运动时,电流表指针不偏转,电路中没有电流。可以借助于磁感线的概念来说明上述现象。导线 AB 向前或向后运动时要切割磁感线,导线 AB 静止或上下运动时不切割磁感线。可见,闭合电路中的一部分导体做切割磁感线的运动时,电路中就有电流产生。

在这个实验中,导体 AB 运动。如果导体不动,让磁场运动,会不会在电路中产生电流呢?可以做下面的实验。

如图 6-2 所示,把磁铁插入线圈,或把磁铁从线圈中抽出时,电流表指针发生偏转,这说明闭合电路中产生了电流。如果磁铁插入线圈后静止不动,或磁铁和线圈以同一速度运动,即保持相对静止,电流表指针不偏转,闭合电路中没有电流。在这个实验中,磁铁相对于线圈运动时,线圈的导线切割磁感线。可见,不论是导体运动,还是磁场运动,只要闭合电路的一部分导体切割磁感线,电路中就有电流产生。

闭合电路的一部分导体切割磁感线时,穿过闭合电路的磁感线条数发生变化,即穿过闭合电路的磁通发生变化。由此提示我们:如果导体和磁场不发生相对运动,而让穿过闭合电路的磁场发生变化,会不会在电路中产生电流呢? 为了研究这个问题,可做下面的实验。

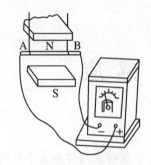

图 6-1 导体做切割磁感线运动图示

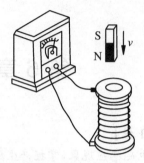

图 6-2 磁铁插入线圈图示

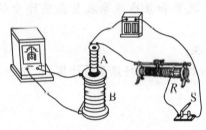

图 6-3 电磁感应实验图

如图 6-3 所示,把线圈 B 套在线圈 A 的外面,合上开关给线圈 A 通电时,电流表的指针发生偏转,说明线圈 B 中有了电流。当线圈 A 中的电流达到稳定时,线圈 B 中的电流消失。打开开关使线圈 A 断电时,线圈 B 中也有电流产生。如果用变阻器来改变电路中的电阻,使线圈 A 中的电流发生变化,线圈 B 中也有电流产生。在这个实验中,线圈 B 处在线圈 A 的磁场中,当 A 通电和断电时,或者使 A 中的电流发生变化时,A 的磁场随着发生变化,穿过线圈 B 的磁通也随着发生变化。因此,这个实验表明:在导体和磁场不发生相对运动的情况下,只要穿过闭合电路的磁通发生变化,闭合电路中就有电流产生。

总之,不论用什么方法,只要穿过闭合电路的磁通发生变化,闭合电路中就有电流产生。即动磁生电。这种利用磁场产生电流的现象叫做电磁感应现象,产生的电流称为感应电流,产生感应电流的电动势称为感应电动势。

6.2 感应电流的方向

6.2.1 右手定则(发电机定则)

当闭合电路中的一部分导线做切割磁感线运动时,感应电流的方向,可用右手定则来判定。伸开右手,使大拇指与其余四指垂直,并且都跟手掌在一个平面内,让磁感线垂直进入手心,大拇指指向导体运动方向,这时四指所指的方向就是感应电流的方向。如图 6-4 所示。

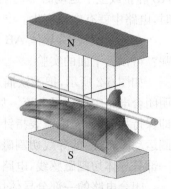

图 6-4 右手定则

6.2.2　楞次定律

如图 6-5(a)、(c)所示,当磁铁插入线圈的时候要受到推斥,这时在线圈靠近磁铁的一端出现同性磁极;如图 6-5(b)、(d)所示当磁铁抽出线圈的时候要受到吸引,这时在线圈靠近磁铁的一端出现异性磁极。这是为什么呢? 根据能量守恒原则,因为当磁铁插入线圈时,穿过线圈的磁通增加,这时感应电流的磁场方向跟磁铁的磁场方向相反,阻碍磁通的增加;当磁铁抽出线圈时,穿过线圈的磁通减少,这时感应电流的磁场方向跟磁铁的磁场方向相同,阻碍磁通就减少。总之,感应电流的方向,总是要使感应电流的磁场阻碍引起感应电流的磁通的变化,这就是楞次定律,它是判断感应电流方向的普遍规律。

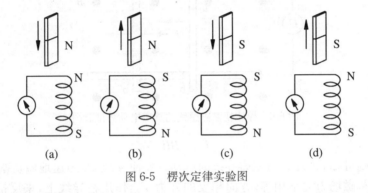

(a)　　　　(b)　　　　(c)　　　　(d)

图 6-5　楞次定律实验图

应用楞次定律判定感应电流方向的具体步骤是:首先要明确原来磁场的方向以及穿过闭合电路的磁通是增加还是减少,然后根据楞次定律确定感应电流的磁场方向,最后利用安培定则来确定感应电流的方向。

一般地说,如果导线和磁场之间有相对运动时,用右手定则判定感应电流的方向比较方便;如果导线和磁场之间无相对运动,而感应电流的产生仅是由于“穿过闭合电路的磁通发生了变化”,则用楞次定律来判定感应电流的方向。

6.3　电磁感应定律

6.3.1　感应电动势

电磁感应现象中闭合电路里有电流产生,那么这个电路中必定有电动势存在。在电磁感应现象中产生的电动势叫做感应电动势。产生感应电动势的那段导体,如切割磁感线的导线和磁通变化的线圈,就相当于电源。感应电动势的方向和感应电流的方向相同,仍用右手定则或楞次定律来判断。

6.3.2　切割磁感线时的感应电动势

如图 6-6 所示,abcd 是一个矩形线圈,它处于磁感应强度为 B 的匀强磁场中,线圈平面和磁场垂直,ab 边可以在线圈平面上自由滑动。ab 的长为 l,以速度 v 沿垂直于磁感线方向向右运动,这时导线中产生的感应电动势为 E,由于导线是闭合的,所以导线中有感应电流 I,电流方向由 a 到 b。载有感应电流的运动导线 ab 在磁场中将受到作用力 F,而

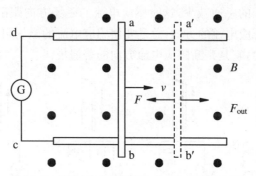

图 6-6　导体切割磁感线的感应电动势试验图

$$F = BIl$$

由左手定则可知,此力 F 将阻碍导线的运动。要使导线 ab 匀速地做切割磁感线运动,就必须有一个跟磁场力大小相等,方向相反的外力 F_{out} 作用在导线上,来反抗磁场力 F 做功。外力做功就把机械能转化为线圈中的电能,使线圈中产生感应电动势。

感应电动势的大小为

$$E = Blv$$

ab 导线两端感应电动势的方向由 a 指向 b。

上式的适用条件是导线运动方向跟导线本身垂直,并且跟磁感线方向也垂直。在这种情况下感应电动势的数值最大。

如果导线运动方向与导线本身垂直,而与磁感线方向成 θ 角,把导线的运动速度 v 分解为互相垂直的两个分速度 v_1 和 v_2,平行于磁感线的分速度 v_1 不切割磁感线,不产生感应电动势,只有垂直于磁感线的分速度 v_2 切割磁感线,产生感应电动势,而

$$v_2 = v\sin\theta$$

因此

$$E = Blv\sin\theta$$

上式表明,在磁场中,运动导线的感应电动势的大小与磁感应强度 B、导线长度 l、导线运动速度 v 以及运动方向与磁感线方向间夹角的正弦 $\sin\theta$ 成正比。

当 B 的单位为 T,v 的单位为 m/s,l 的单位为 m 时,E 的单位为 V。

如果闭合电路的电阻为 R,则感应电流为

$$I = \frac{E}{R}$$

【例1】　在图 6-6 中,设匀强磁场的磁感应强度 B 为 0.1 T,切割磁感线的导线长度 l

为 40 cm,向右匀速运动的速度 v 为 5 m/s,整个线框的电阻 R 为 0.5 Ω,求:

(1) 感应电动势的大小;

(2) 感应电流的大小和方向;

(3) 使导线向右匀速运动所需的外力;

(4) 外力做功的功率;

(5) 感应电流的功率。

解 (1) 线圈中的感应电动势为

$$E = Blv = 0.1 \times 0.4 \times 5 \text{ V} = 0.2 \text{ V}$$

(2) 线圈中的感应电流为

$$I = \frac{E}{R} = \frac{0.2}{0.5} \text{ A} = 0.4 \text{ A}$$

利用楞次定律或右手定则,都可以确定出线圈中的电流方向是沿 abcd 方向。

(3) 外力跟磁场对电流的力平衡,因此,外力的大小为

$$F = BIl = 0.1 \times 0.4 \times 0.4 \text{ N} = 0.016 \text{ N}$$

外力的方向显然是指向右方。

(4) 外力做功的功率为

$$P = Fv = 0.016 \times 5 \text{ W} = 0.08 \text{ W}$$

(5) 感应电流的功率为

$$P' = EI = 0.2 \times 0.4 \text{ W} = 0.08 \text{ W}$$

可以看到,$P = P'$,这正是能量守恒定律所要求的。由于线圈是纯电阻电路,电流的功完全用来生热,所以,发热功率 RI^2 也一定等于 P 或 P'。

如图 6-7 所示,发电机就是应用导线切割磁感线产生感应电动势的原理发电的,实际应用中,将导线做成线圈,使其在磁场中转动,从而得到连续的电流。

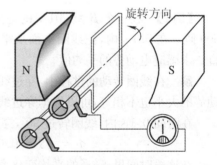

图 6-7 发电机工作原理图

6.3.3 电磁感应定律

在上述实验中,如果改变磁铁插入或拔出的速度,就会发现,磁铁运动速度越快,指针偏转角度越大,反之越小。而磁铁插入或拔出的速度,反映的是线圈中磁通变化的速度。

在式 $E = Blv\sin\theta$ 中,lv 是导线在运动中单位时间内所扫过的面积,$lv\sin\theta$ 是这个面积在垂直于磁感线方向上的投影,$Blv\sin\theta$ 是导线运动单位时间内切割的磁感线的数目,即单位时间内穿过线圈回路的磁通的改变量。如果用 $\Delta\Phi = \Phi_2 - \Phi_1$ 表示导线在 $\Delta t = t_2 - t_1$ 时间内磁通的改变量,则得

$$E = \frac{\Delta\Phi}{\Delta t}$$

式中，$\dfrac{\Delta\Phi}{\Delta t}$ 表示单位时间内导线回路里磁通的改变量，又叫做磁通的变化率。所以，线圈中感应电动势的大小与穿过线圈的磁通的变化率成正比，这个规律叫做法拉第电磁感应定律。法拉第电磁感应定律对所有的电磁感应现象都成立，因此，它表示了确定感应电动势大小的最普遍的规律。

当 $\Delta\Phi$ 的单位为 Wb，Δt 的单位为 s 时，E 的单位为 V。

如果线圈有 N 匝，由于每匝线圈内的磁通变化都相同，而整个线圈又是由 N 匝线圈串联组成的，那么线圈中的感应电动势就是单匝时的 N 倍，即

$$E = N\frac{\Delta\Phi}{\Delta t}$$

上式又可写成

$$E = \frac{N\Phi_2 - N\Phi_1}{\Delta t}$$

$N\Phi$ 表示磁通与线圈匝数的乘积，通常称为磁链，用 Ψ 表示，即

$$\Psi = N\Phi$$

于是

$$E = \frac{\Delta\Psi}{\Delta t}$$

【例2】 在一个 $B = 0.01$ T 的匀强磁场里，放一个面积为 0.001 m² 时的线圈，其匝数为 500 匝。在 0.1 s 内，把线圈平面从平行于磁感线的方向转过 90°，变成与磁感线的方向垂直。求感应电动势的平均值。

解 在线圈转动的过程中，穿过线圈的磁通变化率是不均匀的，所以，不同时刻，感应电动势的大小也不相等，可以根据穿过线圈的磁通的平均变化率来求得感应电动势的平均值。

在时间 0.1 s 内，线圈转过 90°，穿过它的磁通从 0 变成

$$\Phi = BS = 0.01 \times 0.001 \text{ Wb} = 1 \times 10^{-5} \text{ Wb}$$

在这段时间里，磁通的平均变化率为

$$\frac{\Delta\Phi}{\Delta t} = \frac{\Phi - 0}{\Delta t} = \frac{1 \times 10^{-5} - 0}{0.1} \text{ Wb/s} = 1 \times 10^{-4} \text{ Wb/s}$$

根据法拉第电磁感应定律，线圈的感应电动势的平均值为

$$E = N\frac{\Delta\Phi}{\Delta t} = 500 \times 1 \times 10^{-4} \text{ V} = 0.05 \text{ V}$$

从上面的两道例题可以看出，在应用公式 $E = Blv\sin\theta$ 时，如果 v 是一段时间内的平均速度，那么 E 就是这段时间内感应电动势的平均值；如果 v 是某一时刻的瞬时速度，那么 E 就是那个时刻感应电动势的瞬时值。公式 $E = N\dfrac{\Delta\Phi}{\Delta t}$ 中的 $\Delta\Phi$ 是时间 Δt 内磁通的变化量，$\dfrac{\Delta\Phi}{\Delta t}$ 是指时间 Δt 内磁通的平均变化率，因此，E 也应是时间 Δt 内感应电动势的平均值。

6.4　自　感　现　象

6.4.1　自感现象

在图 6-8 所示的实验中,先合上开关 S,调节变阻器 R 的电阻,使同样规格的两个灯泡 HL_1 和 HL_2 的明亮程度相同。再调节变阻器 R,使两个灯泡都正常发光,然后断开开关 S。再接通电路时可以看到,跟变阻器 R 串联的灯 HL_2 立刻正常发光,而跟有铁芯的线圈 L 串联的灯 HL_1 却是逐渐亮起来的。为什么会出现这样的现象呢? 原来,在接通电路的瞬间,电路中的电流增大,穿过线圈 L 的磁通也随着增加。根据电磁感应定律,线圈中必然会产生感应电动势,这个感应电动势阻碍线圈中电流的增大,所以,通过 HL_1 的电流只能逐渐增大,灯 HL_1 只能逐渐亮起来。

现在再来做图 6-9 的实验,把灯泡 HL 和带铁芯的电阻较小的线圈 L 并联在直流电路里。接通电路,灯 HL 正常发光后,再断开电路,这时可以看到,断电的那一瞬间,灯泡突然发出很强的亮光,然后才熄灭。为什么会出现这种现象呢? 这是由于电路断开的瞬间,通过线圈的电流突然减弱,穿过线圈的磁通也就很快地减少,因而在线圈中产生感应电动势,虽然这时电源已经断开,但线圈 L 和灯泡 HL 组成了闭合电路,在这个电路中有感应电流通过,所以,灯泡不会立即熄灭。

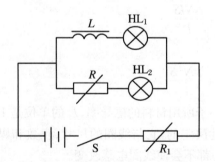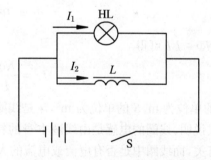

图 6-8　自感现象实验图(合上开关 S)　　图 6-9　自感现象实验图(断开开关 S)

从上述两个实验可以看出,当线圈中的电流发生变化时,线圈本身就产生感应电动势,这个电动势总是阻碍线圈中电流的变化。这种由于线圈本身的电流发生变化而产生的电磁感应现象,叫做自感现象,简称自感。在自感现象中产生的感应电动势,叫做自感电动势。

6.4.2　自感系数

当电流通过回路时,在回路内就要产生磁通,叫做自感磁通,用符号 Φ_L 表示。

当电流通过匝数为 N 的线圈时,线圈的每一匝都有自感磁通穿过,如果穿过线圈每一匝的磁通都一样,那么,这个线圈的自感磁链为

$$\Psi_L = N\Phi_L$$

当同一电流 I 通过结构不同的线圈时,所产生的自感磁链 Ψ_L 各不相同。为了表明各个线圈产生自感磁链的能力,将线圈的自感磁链与电流的比值叫做线圈(或回路)的自感系数(或叫自感量),简称电感,用符号 L 表示,即

$$L = \frac{\Psi_L}{I}$$

L 表示一个线圈通过单位电流所产生的磁链。

自感系数的单位是 H(亨),在电子技术中,常采用较小的单位,mH(毫亨)和 μH(微亨),它们之间的关系为

$$1\ \text{H} = 10^3\ \text{mH} = 10^6\ \mu\text{H}$$

6.4.3　线圈电感的计算

在实际工作中,常常需要估算线圈的电感,下面介绍环形螺旋线圈电感的计算公式。

假定环形螺旋线圈均匀地绕在某种材料做成的圆环上,线圈的匝数为 N,圆环的平均周长为 l,对于这样的线圈,可以近似认为磁通都集中在线圈的内部,而且磁通在截面 S 上的分布是均匀的。当线圈通上电流 I 时,线圈内的磁感应强度为

$$B = \mu H = \mu\frac{NI}{l}$$

而磁通为

$$\Phi = BS = \frac{\mu NIS}{l}$$

由 $N\Phi = LI$ 可得

$$L = \frac{N\Phi}{I} = \frac{\mu N^2 S}{l}$$

式中,l 的单位为 m,S 的单位为 m^2,μ 是线圈心子所用材料的磁导率,L 的单位是 H。

上式说明,线圈的电感是由线圈本身的特性决定的,它与线圈的尺寸、匝数和媒介质的磁导率有关,而线圈中是否有电流或电流的大小都不会使线圈电感改变。

其他近似环形的线圈,例如,口字形铁芯的线圈或其他闭合磁路线圈,在铁芯没有饱和的条件下,也可以用上式近似地计算线圈的电感,此时 l 是铁芯的平均长度。若磁路不闭合,因为有气隙对电感影响很大,所以,电感不能用上式计算。

必须指出,铁磁材料的磁导率 μ 不是一个常数,它是随磁化电流的不同而变化的量,铁芯越接近饱和,这种现象就越显著。所以,具有铁芯的线圈,其电感也不是一个定值,这种电感叫非线性电感。因此,用上式计算出的电感只是一个大致的数值。

6.4.4　自感电动势

根据法拉第电磁感应定律,可以列出自感电动势的数学表达式为

$$E_L = \frac{\Delta \Psi}{\Delta t}$$

把 $\Psi_L = LI$ 代入,则

$$E_L = \frac{\Psi_{L_2} - \Psi_{L_1}}{\Delta t} = \frac{LI_2 - LI_1}{\Delta t}$$

即

$$E_L = L \frac{\Delta I}{\Delta t}$$

上式说明:自感电动势的大小与线圈中电流的变化率成正比。根据上式还可规定自感系数的单位,当线圈中的电流在 1 s 内变化 1 A 时,引起的自感电动势为 1 V,这个线圈的自感系数就是 1 H。

6.4.5   自感现象的应用

自感现象在各种电器设备和无线电技术中有广泛的应用,日光灯的镇流器就是利用线圈自感现象的一个例子。

图 6-10 是日光灯的电路图,它主要由灯管、镇流器和启动器组成。镇流器是一个带铁芯的线圈。启动器的结构如图 6-11 所示,它是一个充有氖气的小玻璃泡,里面装上两个电极,一个固定不动的静触片和一个用双金属片制成的 U 形触片。灯管内充有稀薄的水银蒸气。当水银蒸气导电时,就发出紫外线,使涂在管壁上的荧光粉发出柔和的光。由于激发水银蒸气导电所需的电压比 220 V 的电源电压高得多,因此,日光灯在开始点燃时需要一个高出电源电压很多的瞬时电压。在日光灯点燃后正常发光时,灯管的电阻变得很小,只允许通过不大的电流,电流过强就会烧坏灯管,这时又要使加在灯管上的电压大大低于电源电压。这两方面的要求都是利用跟灯管串联的镇流器来达到的。

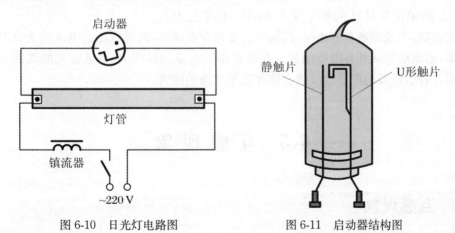

图 6-10   日光灯电路图   图 6-11   启动器结构图

当开关闭合后,电源把电压加在启动器的两极之间,使氖气放电而发出辉光,辉光产生的热量使 U 形触片膨胀伸长,跟静触片接触而使电路接通,于是镇流器的线圈和灯管的灯丝中就有电流通过。电路接通后,启动器中的氖气停止放电,U 形触片冷却收缩,两个触片

分离,电路自动断开。在电路突然断开的瞬时,镇流器的两端就产生一个瞬时高电压,这个电压和电源电压都加在灯管两端,使灯管中的水银蒸气开始导电,于是日光灯管成为电流的通路开始发光。在日光灯正常发光时,与灯管串联的镇流器就起着降压限流作用,保证日光灯的正常工作。

自感现象也有不利的一面。在自感系数很大而电流又很强的电路(如大型电动机的定子绕组)中,在切断电路的瞬间,由于电流在很短的时间内发生很大的变化,会产生很高的自感电动势,在断开处形成电弧,这不仅会烧坏开关,甚至危及工作人员的安全。因此,切断这类电路时必须采用特制的安全开关。

6.4.6 磁场能量

电感线圈和电容器都是电路中的储能元件。为了说明磁场具有储能的特性,可以回忆一下图 6-9 所示的实验,通电线圈在切断电流的瞬间,能使与它并联的灯泡猛然一亮,然后逐渐熄灭,就是由于在电源切断的瞬间,磁场把它储存的能量释放出来,转换成灯泡的热能和光能的缘故。

和电场能量相对比,磁场能量和电场能量有许多相同的特点,现举出主要的两点如下:

(1) 磁场能量和电场能量在电路中的转化都是可逆的。例如,随着电流增大,线圈的磁场增强,储入的磁场能量就增多;随着电流的减小,磁场减弱,磁场能量通过电磁感应的作用,又转化为电能。因此,线圈和电容器一样都是储能元件,而不是电阻器一类的耗能元件。

(2) 磁场能量的计算公式,在形式上和电场能量的计算公式相似。这里,线圈中通过的电流 I 与电容器两端电压相对应,线圈的电感 L 与电容器的电容 C 相对应。根据高等数学推导,线圈中的磁场能量 W_L,可用下式计算:

$$W_L = \frac{1}{2}LI^2$$

式中,若 L 的单位为 H,I 的单位为 A,则 W_L 的单位为 J。

上式表明:当线圈通有电流时,线圈中就要储存磁场能,通过线圈的电流越大,储存的能量也越多,通电线圈从外界吸收能量。在通有相同电流的线圈中,电感越大的线圈,储存的能量越多,因此,线圈的电感就反映它储存磁场能量的能力。

6.5 互 感 现 象

6.5.1 互感现象

如图 6-12 所示,在开关 SA 闭合或断开瞬间以及改变 R_P 的阻值,检流计的指针都会发生偏转。实验说明:两个线圈或回路靠得很近,当第一个线圈中有电流 i_1 通过时,它所产生的自感磁通 Φ_{11},必然有一部分要穿过第二个线圈,这一部分磁通叫互感磁通,用 Φ_{21} 表示,它在第二个线圈上产生互感磁链 Ψ_{21}($\Psi_{21} = N_2 \Phi_{21}$)。同样,当第二个线圈通有电流 i_2 时,它所产生的自感磁通 Φ_{22},也会有一部分 Φ_{12} 要穿过第一个线圈,产生互感磁链 Ψ_{12}($\Psi_{12} = N_1 \Phi_{12}$)。如果 i_1 随时间变化,则 Ψ_{21} 也随时间变化,因此,在第二个线圈中将要产生感应电动势,这种现象叫互感现象。产生的感应电动势叫互感电动势。此时第二个线圈上的互感电动势为

$$E_{M_2} = \frac{\Delta \Psi_{21}}{\Delta t}$$

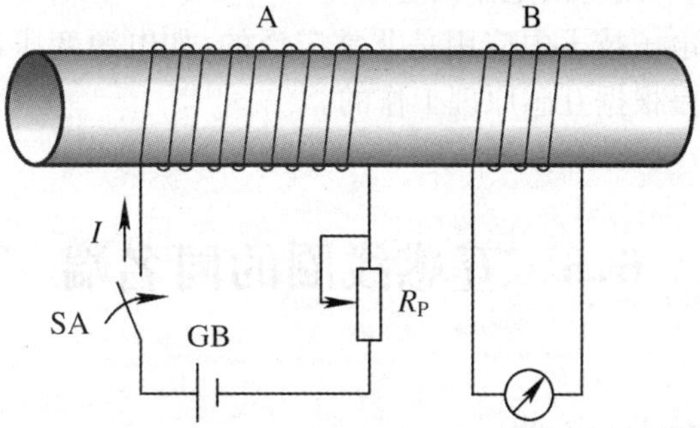

图 6-12　互感现象实验图

同理,当 i_2 随时间变化时,也要在第一个线圈中产生互感电动势,其值为 $E_{M_1} = \dfrac{\Delta \Psi_{12}}{\Delta t}$。

6.5.2　互感系数

和研究自感电动势的方法一样,为了确定互感电动势和电流的关系,下面首先研究互感磁通和电流的关系。

在两个有磁交链(耦合)的线圈中,互感磁链与产生此磁链的电流比值,叫做这两个线圈的互感系数(或互感量),简称互感,用符号 M 表示,即

$$M = \frac{\Psi_{21}}{i_1} = \frac{\Psi_{12}}{i_2}$$

由上式可知,两个线圈中,当其中一个线圈通有 1 A 电流时,在另一线圈中产生的互感磁链数,就是这两个线圈之间的互感系数。互感系数的单位和自感系数一样,也是 H。

通常互感系数只和这两个回路的结构、相互位置及媒介质的磁导率有关,而与回路中的电流无关。只有当媒介质为铁磁性材料时,互感系数才与电流有关。

6.5.3　互感电动势

假定两个靠得很近的线圈中,第一个线圈的电流 i_1 发生变化,将在第二个线圈中产生互感电动势 E_{M_2},根据法拉第电磁感应定律,可得

$$E_{M_2} = \frac{\Delta \Psi_{21}}{\Delta t}$$

设两线圈的互感系数 M 为常数,并把 $\Psi_{21} = Mi_1$ 代入上式得

$$E_{M_2} = \frac{\Delta(Mi_1)}{\Delta t} = M \frac{\Delta i_1}{\Delta t}$$

同理可得,第二个线圈的电流 i_2 发生变化,在第一线圈中产生的互感电动势为 $E_{M_1} = M \frac{\Delta i_2}{\Delta t}$。

上式说明,线圈中的互感电动势,是与互感系数和另一线圈中电流的变化率的乘积成正比。互感电动势的方向,可用楞次定律判定。

互感现象在电工和电子技术中应用是非常广泛的,如电源变压器、电流互感器、电压互感器和中周变压器等都是根据互感原理工作的。

6.6 互感线圈的同名端

6.6.1 互感线圈的同名端

在电子电路中,对于两个或两个以上的有电磁耦合的线圈,常常需要知道互感电动势的极性。例如,LC正弦波振荡器中,必须使互感线圈的极性正确连接,才能产生振荡。

如前所述,可以运用楞次定律判断感应电动势的方向,但是,在实际的电路图上,要把每个线圈的绕法和各线圈的相对位置都画出来,再来判断感应电动势的极性是很不方便的,因此,常常在电路图中的互感线圈上标注互感电动势极性的标记,这就是同名端的标记。

图 6-13 所示的互感线圈。根据右手螺旋法则可以确定 L_1 和 L_2 中感应电动势的方向,标在图上,若 i 是增大的,可知端点 1 与 3、2 与 4 的极性相同。若 i 是减小的,则 L_1 和 L_2 中感应电动势的方向都反了过来,但端点 1 与 3、2 与 4 的极性仍然相同。另外,无论电流从哪端流入线圈,上述端点 1 与 3、2 与 4 的极性仍然保持相同。因此,把这种在同一变化磁通的作用下,感应电动势极性相同的端点叫同名端,感应电动势极性相反的端点叫异名端。一般用符号"·"表示同名端。在标出同名端后,每个线圈的具体绕法和它们间的相对位置就不需要在图上表示出来了。这样,图 6-13 就可画成图 6-14 的形式。

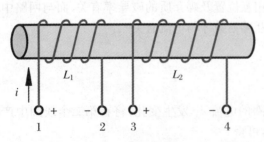

图 6-13 互感线圈的极性

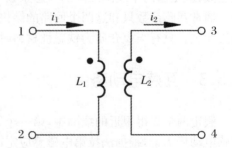

图 6-14 同名端表示法

　　知道同名端后，就可以根据电流的变化趋势，很方便地判断出互感电动势的极性。如图 6-14 所示，设电流 i_2 由端点 3 流出并在减小，根据楞次定律可判定端点 3 的自感电动势的极性为正；再根据同名端的定义，立刻判定端点 1 也为正。

　　在确定互感线圈的同名端时，如果已经知道了线圈的绕法，可以运用楞次定律直接判定；如果线圈的具体绕法无法知道时，可以用实验方法来判定。图 6-15 就是判定同名端的电路，当开关 S 闭合时，电流从线圈的端点 1 流入，且电流随时间增加而增大。如果此时电流表的指针向正刻度方向偏转，则端点 1 与 3 是同名端。否则 1 与 3 是异名端。

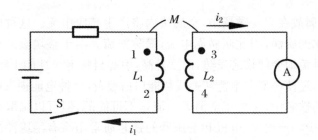

图 6-15　判定同名端实验电路

6.6.2　互感线圈的串联

　　把两个有互感的线圈串联起来有两种不同的接法。异名端相接称为顺串，同名端相接称为反串。

　　(1) 顺串。如图 6-16(a) 所示，设电流 i 从端点 1 经过 2，3 流向端点 4，并且电流是减小的，则在两个线圈中出现四个感应电动势，两个自感电动势 E_{L_1}、E_{L_2} 和两个互感电动势 E_{M_1}、E_{M_2}。E_{L_1}、E_{L_2} 串联，且与 i 同方向。因端点 1、3 是同名端，所以，E_{M_2} 与 E_{L_1} 同方向，E_{L_1} 与 E_{12} 同方向，因此，总的感应电动势为这四个感应电动势之和，增大了。即

$$E = E_{L_1} + E_{M_1} + E_{L_1} + E_{M_1}$$

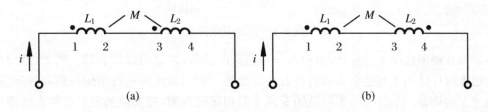

图 6-16　互感线圈的顺串互感线圈的反串

　　(2) 反串。如图 6-16(b) 所示，同样假设电流是减小的，则 E_{L_1}、E_{L_2} 的方向仍与 i 的方向相同，但 E_{M_1}、E_{M_2} 的方向与 i 的方向相反，则总的感应电动势减小了。即

$$E = E_{L_1} - E_{M_1} + E_{L_1} - E_{M_1}$$

6.7　涡流和磁屏蔽

6.7.1　涡流

如果把块状金属放在交变磁场中,金属块内将产生感应电流。这种电流在金属块内自成闭合回路,很像水的旋涡,因此叫做涡电流,简称涡流。由于整块金属电阻很小,所以,涡流很大,这就不可避免地会使铁芯发热,温度升高,引起材料绝缘性能下降,甚至破坏绝缘造成事故。铁芯发热,还使一部分电能转换成热能白白浪费,这种电能损失叫涡流损失。

在电机、电器的铁芯中,要想完全消灭涡流是不可能的,但可以采取有效措施尽可能地减小涡流。为了减少涡流损失,电机和变压器的铁芯通常用涂有绝缘漆的薄硅钢片叠压制成。这样涡流就被限制在狭窄的薄片之内,回路的电阻很大,涡流大为减弱,从而使涡流损失大大降低。铁芯采用硅钢片,是因为这种钢比普通钢的电阻率大,叫以进一步减少涡流损失。硅钢片的涡流损失只有普通钢片的 $1/5 \sim 1/4$。如图 6-17 所示。

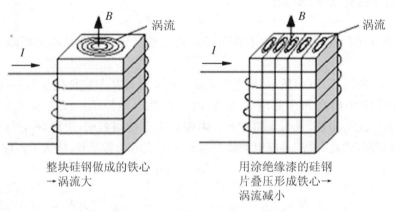

整块硅钢做成的铁心→涡流大　　　用涂绝缘漆的硅钢片叠压形成铁心→涡流减小

图 6-17　涡流现象图示

涡流在很多情况下是有害的,但在一些特殊的场合,它也可以被利用。例如,感应加热技术已经被广泛用于有色金属和特种合金的冶炼。利用涡流加热的电炉叫做高频感应炉,它的主要结构是一个与大功率的高频交流电源相接的线圈,被加热的金属就放在线圈中间的坩埚内,当线圈中通以强大的高频电流时,它产生的交变磁场能使坩埚内的金属产生强大的涡流,发出大量的热,使金属熔化。

6.7.2　磁屏蔽

在电子技术中,很多地方要利用互感,但有些地方却要避免互感现象,防止出现干扰和自激。例如,仪器中的变压器或其他线圈产生的漏磁通,可能影响某些器件的正常工作,如破坏示波管或显像管中电子的聚焦。为此,必须将这些器件屏蔽起来,使其免受外界磁场的影响,这种措施叫磁屏蔽。

最常用的屏蔽措施就是利用软磁材料制成屏蔽罩,将需要屏蔽的器件放在罩内。因为铁磁材料的磁导率是空气的许多倍,因此,铁壁的磁阻比空气磁阻小得多,外界磁场的磁通在磁阻小的铁壁中通过,而进入屏蔽罩内的磁通很少,从而起到磁屏蔽的作用。有时为了更好地达到磁屏蔽的作用,常常采用多层铁壳屏蔽的办法,把漏进罩内的磁通一次一次地屏蔽掉。

对高频变化的磁场,常常用铜或铝等导电性能良好的金属制成屏蔽罩,交变的磁场在金属屏蔽罩上产生很大的涡流,利用涡流的去磁作用来达到磁屏蔽的目的。在这种情况下,一般不用铁磁性材料制成的屏蔽罩。这是由于铁的电阻率较大,涡流较小,去磁作用小,效果不好。

此外,在装配器件时,应将相邻两线圈互相垂直放置,这时第一个线圈所产生的磁通不穿过第二个线圈,如图 6-18(a)所示;而第二个线圈产生的磁通穿过第一个线圈时,线圈上半部和线圈下半部磁通的方向正好相反,如图 6-18(b)所示,因此,所产生的互感电动势也相互抵消,从而起到了消除互感的作用。

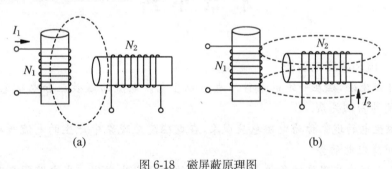

图 6-18　磁屏蔽原理图

阅读与应用

扬声器的工作原理

扬声器又称喇叭,它是一种将电能转换成声能的器件,有舌簧式、晶体式、动圈式等几种,常用的是动圈式。

动圈式扬声器主要由环形永久磁铁、音圈架、音圈、纸盆架、纸盆等部件组成,如图 6-19所示。在磁铁的磁场缝隙间套着一个能自由移动的线圈,叫音圈。音圈先粘在音圈架上,然后再与纸盆粘接在一起,纸盆又固定在纸盆架上。

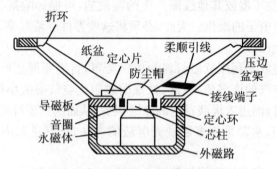

图 6-19　动圈式扬声器结构图

当音频电流通过扬声器音圈时,音圈在磁场中受到磁场力的作用会发生振动,音圈的振动带动纸盆振动,从而发出声音。音频电流越大,作用在音圈上的振动力也就越大,音圈和纸盆振动的幅度也越大,从而产生的声音也越响。由于音频电流的大小和方向不断变化,就使扬声器产生随音频变化的声音。这就是动圈式扬声器的工作原理。

本 章 小 结

1. 感应电流和感应电动势

(1) 电可以生磁,磁在一定的条件下也可以生电。电流的磁效应和电磁感应现象说明了电和磁之间的密切关系。

(2) 动磁生电的现象称为电磁感应现象,在电磁感应现象中产生的电流叫感应电流,产生的电动势叫感应电动势。

(3) 产生电磁感应现象的条件是:穿过电路的磁通发生变化。当电路闭合时,回路中有感应电流,当电路不闭合时,电路中没有感应电流,但仍有感应电动势。

(4) 电路中感应电流的方向可用右手定则和楞次定律来判断。楞次定律是判断感应电流方向的普遍规律。感应电动势的方向与感应电流的方向相同,也用右手定则和楞次定律判断。

(5) 感应电动势的大小可用法拉第电磁感应定律来计算。

$$E = N\frac{\Delta \Phi}{\Delta t} = \frac{\Delta \Psi}{\Delta t}$$

对于在磁场中切割磁感线运动的导体,可用下式计算:

$$E = Blv_2 = Blv\sin\theta$$

2. 自感和互感

(1) 由于线圈本身电流发生变化而产生的电磁感应现象,叫自感现象。产生的感应电动势叫自感电动势。它的大小为

$$E_L = L\frac{\Delta I}{\Delta t}$$

式中 L 是线圈的自感系数,即自感磁链与电流的比值 $L = \dfrac{\Psi_L}{I}$。

线圈的自感是由线圈本身的特性决定的,与线圈中有无电流及电流的大小无关。

$$L = \frac{N\Phi}{I} = \frac{\mu N^2 S}{l}$$

(2) 两个靠得很近的线圈,当一个线圈中的电流发生变化时,在另一个线圈中产生的电磁感应现象叫互感现象,产生的电动势叫互感电动势。互感电动势的大小为

$$E_{M_2} = M\frac{\Delta i_1}{\Delta t}, \quad E_{M_1} = M\frac{\Delta i_2}{\Delta t}$$

式中,M 为互感系数,即互感磁链与产生此磁链的电流的比值。

$$M = \frac{\Psi_{21}}{i_1} = \frac{\Psi_{12}}{i_2}$$

(3) 电感线圈和电容器一样,都是储能元件,磁场能量可用下式计算

$$W_L = \frac{1}{2}LI^2$$

(4) 在同一变化磁通作用下,感应电动势极性相同的端点叫同名端,感应电动势极性相反的端点叫异名端。利用同名端判别互感电动势的方向是既实用又简便的方法。

把两个有互感的线圈串联起来有两种不同的接法:异名端相接称为顺串,同名端相接称为反串。

习　题

一、是非题

1. 导体在磁场中运动时,总是能够产生感应电动势。（　　）

2. 线圈中只要有磁场存在,就必定会产生电磁感应现象。（　　）

3. 感应电流产生的磁场方向总是与原来的磁通方向相反。（　　）

4. 线圈中电流变化越快,则其自感系数就越大。（　　）

5. 自感电动势的大小与线圈本身的电流变化率成正比。（　　）

6. 当结构一定时,铁芯线圈的电感是一个常数。（　　）

7. 互感系数与两个线圈中的电流均无关。（　　）

8. 线圈 A 的一端与线圈 B 的一端为同名端,那么线圈 A 的另一端与线圈 B 的另一端就为异名端。（　　）

二、选择题

1. 下列属于电磁感应现象的是（　　）。

　　A. 通电直导体产生磁场　　　　　　B. 通电直导体在磁场中运动

　　C. 变压器铁芯被磁化　　　　　　　D. 线圈在磁场中转动发电

2. 如图 6-20 所示,若线框 ABCD 中不产生感应电流,则线框一定(　　)。

 A. 匀速向右运动　　　　　　　　B. 以导线 EE′为轴匀速转动

 C. 以 BC 为轴匀速转动　　　　　D. 以 AB 为轴匀速转动

3. 如图 6-21 所示,当开关 S 打开时,电压表指针(　　)。

 A. 正偏　　　　　B. 不动　　　　　C. 反偏　　　　　D. 不能确定

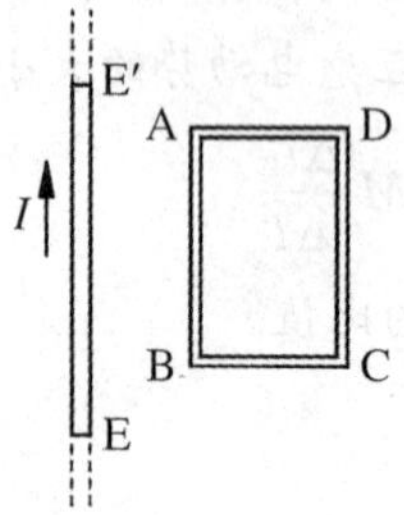

图 6-20　选择题第 2 小题图 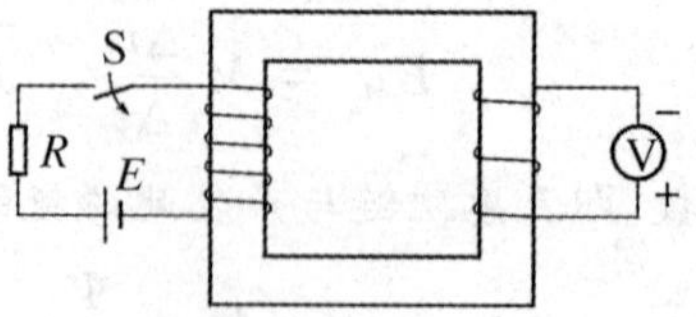　　　　　图 6-21　选择题第 3 小题图

4. 法拉第电磁感应定律可以这样表述:闭合电路中感应电动势的大小(　　)。

 A. 与穿过这一闭合电路的磁通变化率成正比

 B. 与穿过这一闭合电路的磁通成正比

 C. 与穿过这一闭合电路的磁通变化量成正比

 D. 与穿过这一闭合电路的磁感应强度成正比

5. 线圈自感电动势的大小与(　　)无关。

 A. 线圈的自感系数　　　　　　　B. 通过线圈的电流变化率

 C. 通过线圈的电流大小　　　　　D. 线圈的匝数

6. 线圈中产生的自感电动势总是(　　)。

 A. 与线圈内的原电流方向相同　　B. 与线圈内的原电流方向相反

 C. 阻碍线圈内原电流的变化　　　D. 以上三种说法都不正确

7. 下面说法正确的是(　　)。

 A. 两个互感线圈的同名端与线圈中的电流大小有关

 B. 两个互感线圈的同名端与线圈中的电流方向有关

 C. 两个互感线圈的同名端与两个线圈的绕向有关

 D. 两个互感线圈的同名端与两个线圈的绕向无关

8. 互感系数与两个线圈的(　　)有关。

 A. 电流变化　　　　B. 电压变化　　　C. 感应电动势　　　D. 相对位置

三、填空题

1. 感应电流的方向,总是要使感应电流的磁场_____引起感应电流的_____的变化,称为楞次定律。即若线圈中磁通增加时,感应电流的磁场方向与原磁场方向_____;若线圈中磁通减少时,感应电流的磁场方向与原磁场方向_____。

2. 由于线圈自身_____而产生的_____现象称为自感现象。线圈的_____与_____的比值,称为线圈的电感。

3. 线圈的电感是由线圈本身的特性决定的,即与线圈的_____、_____和媒介质的_____有关,而与线圈是否有电流或电流的大小_____。

4. 荧光灯电路主要由_____、_____、_____组成。镇流器的作用是:荧光灯正常发光时,起_____作用;荧光灯点亮时,产生_____。

5. 空心线圈的电感是线性的,而铁芯线圈的电感是_____,其电感大小随电流的变化而_____。

6. 在同一变化磁通的作用下,感应电动势极性_____的端点称为同名端;感应电动势极性_____的端点称为异名端。

7. 电阻器是_____元件,电感器和电容器都是_____元件,线圈的_____就反映它储存磁场能量的能力。

四、问答与计算题

1. 图 6-22 中,CDEF 是金属框,当导体 AB 向右移动时,试用右手定则确定 ABCD 和 ABFE 两个电路中感应电流的方向。能不能用这两个电路中的任意一个通过楞次定律来判定导体 AB 中感应电流的方向?

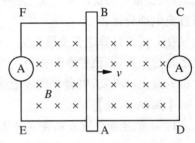

图 6-22　问答与计算题第 1 小题图

2. 在 0.4 T 的匀强磁场中,长度为 25 cm 的导线以 6 m/s 的速度做切割磁感线的运动,运动方向与磁感线成 30°,并与导线本身垂直,求导线中感应电动势的大小。

3. 有一个 1 000 匝的线圈,在 0.4 s 内穿过它的磁通从 0.02 Wb 增加到 0.09 Wb,求线圈中的感应电动势。

第7章　单相交流电路

正弦交流电路的基本理论和基本分析方法,是学习交流电机、变压器和电子技术等后续课程的重要基础,所以,本章是全书的重要内容之一。本章内容与直流电的知识有密切联系,要用到直流电中讲过的许多概念和规律。但由于交流电又具有不同于直流电的特点,因此,表征交流电特征的物理量、影响交流电的线路元件又有其自己的特殊性,在学习中要多与直流电部分比较。

在分析与计算正弦交流电路,主要是确定不同参数和不同结构的各种电路中电压与电流之间的关系(数值关系和相位关系)及功率。在学习本章时,必须建立交流的概念,特别是相位的概念,要搞清电容元件和电感元件在正弦交流电路中的作用,否则容易引起错误。

【知识目标】

1. 识记正弦交流电的含义及表征交流电的物理量;
2. 识记正弦交流电的三要素(有效值、频率和初相位),理解相位差的概念;
3. 理解有功功率、无功功率、视在功率及功率因数的概念。

【能力目标】

1. 会识读正弦交流电的解析式(读出三要素);
2. 会用相量图分析和计算简单的交流电路;
3. 能够识别有功功率、无功功率、视在功率的表示符号及单位;
4. 会计算无源二端网络的有功功率、无功功率、视在功率;
5. 了解提高功率因数的意义和方法;
6. 了解串联谐振和并联谐振电路的特点及应用。

7.1　交流电的基本概念

7.1.1　什么是交流电

交流电与直流电的根本区别是:直流电的方向不随时间的变化而变化,交流电的方向则随时间的变化而变化。在交流电作用下的电路称为交流电路。常用的交流电是随时间作正弦规律变化的,称为正弦交流电。

本章仅讨论正弦交流电,以下所称的交流电均指正弦交流电。

交流电有极广泛的应用,这是与它具有许多优点分不开的。例如,可以利用变压器把某一数值的交流电压变换成同频率的另一数值的交流电压,这样,就解决了高压输电和低压配电之间的矛盾。因为采用高压输电的好处是输送的距离远,而且成本较低;采用低压配电的好处是用电时比较安全。此外,交流电机的构造比直流电机简单,而且成本低,工作可靠。因此现代发电厂发出的电能几乎都是正弦交流电。所以在照明、动力、电热等方面的绝大多数设备都是取用交流电。即使某些需要直流电的工业,例如电镀、电解等,也是采用整流设备把交流电转换成直流电。若以横坐标表示时间,纵坐标表示电流,则电流随时间的变化规律可用一正弦曲线来表示。

7.1.2　交流电的产生

交流电可以由交流发电机提供,也可由振荡器产生。交流发电机主要是提供交流电能,振荡器主要是产生各种交流信号。

图 7-1 是最简单的交流发电机结构示意图。

照图 7-1 那样使矩形线圈 abcd 在匀强磁场中匀速转动。观察电流表的指针,可以看到,指针随着线圈的转动而摆动,并且线圈每转一周,指针左右摆动一次。这表明转动的线圈里产生了感应电流,并且感应电流的大小和方向都在随时间做周期性变化。这种大小和方向都随时间做周期性变化的电流叫做交流电流。

下面研究交流电的变化规律。

图 7-2 中标 a 的小圆圈表示线圈 ab 边的横截面,标 d 的小圆圈表示线圈 cd 边的横截面。假定线圈平面从与磁力线垂直的平面(这个面叫做中性面)开始,沿逆时针方向匀速转动,角速度是 ω,单位为 rad/s(弧度/秒)。经过时间 t 后,线圈转过的角度是 ωt。这时 ab 边的线速度 v 的方向与磁力线方向间的夹角也等于 ωt。设 ab 边的长度是 L,磁场的磁感应强度是 B,那么 ab 边中的感应电动势 $e_{ab} = BLv\sin\omega t$,cd 边中的感应电动势跟 ab 边中的大小相同,而且又是串联在一起,所以,这一瞬间整个线圈中的感应电动势可用下式表示:

$$e = 2BLv\sin\omega t$$

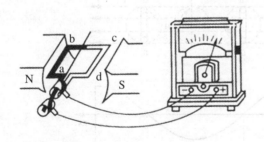

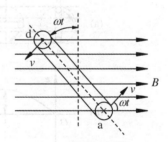

图 7-1　交流发电机示意图　　　　图 7-2　导线切割磁感线

当线圈平面转到与磁力线平行的位置时,ab 边和 cd 边的线速度方向都与磁力线垂直,即 ab 边和 cd 边都垂直切割磁力线,由于 $\omega t = \pi/2$,所以,$\sin\omega t = 1$,这时的感应电动势最大,用 E_m 来表示,即 $E_m = 2BLv$,代入上式得到 $e = E_m\sin\omega t$。式中,e 叫做电动势的瞬时值,E_m 叫做电动势的最大值。由上式可知,在匀强磁场中匀速转动的线圈里产生的感应电动势是按正弦规律变化的。如果把线圈和电阻组成闭合电路,则电路中就有感应电流流过。

用 R 表示整个闭合电路的电阻,用 i 表示电路中的感应电流,那么 $i = \dfrac{e}{R} = \dfrac{E_m}{R}\sin\omega t$,式

中 $\dfrac{E_m}{R}$ 是电流的最大值,用 I_m 表示,则电流的瞬时值可用下式表示:

$$i = I_m\sin\omega t$$

可见感应电流也是按正弦规律变化的。外电路中一段导线上的电压同样也是按正弦规律变化的。设这段导线的电阻为 R,电压的瞬时值为 u,则

$$u = Ri = RI_m\sin\omega t$$

式中,RI_m 是电压的最大值,用 U_m 表示。所以 $u = U_m\sin\omega t$。

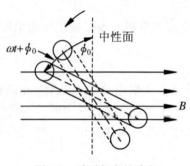

图 7-3 计时起点的确定

上述各式都是从线圈平面跟中性面重合的时刻开始计时的,如果不是这样,而是从线圈平面与中性面有一夹角 ϕ_0 时开始计时的,如图 7-3 所示,那么,经过时间 t,线圈平面与中性面间的角度是 $\omega t + \phi_0$,感应电动势的公式就变成

$$e = E_m\sin(\omega t + \phi_0)$$

电流和电压的公式分别变成

$$i = I_m\sin(\omega t + \phi_0)$$

$$u = U_m\sin(\omega t + \phi_0)$$

这种按正弦规律变化的交流电叫正弦交流电,简称交流电,它是一种最简单而又最基本的交流电。

7.1.3 交流电的波形图

交流电的变化规律也可以用波形图直观地表示出来。图 7-4(b)、(c)分别表示出 $e =$

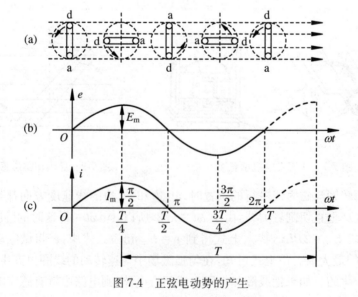

图 7-4 正弦电动势的产生

$E_m\sin\omega t$ 和 $i = I_m\sin\omega t$ 的波形图。当 $t = 0$ 时,ab、cd 边都不切割力线,所以,线圈中不产生感应电动势,电路中没有电流。图 7-4(a)表示出对应于 e,i 等于零或正、负最大值时的线圈位置。

从图 7-4 中可以看出,线圈平面每经过中性面一次,感应电动势和感应电流的方向就改变一次,因此,线圈转动一周,感应电动势和感应电流的方向改变两次,并且线圈转过一周,e 和 i 的大小和方向都恢复到开始时的情况,在以后的转动中,e 和 i 将周期性地重复以前的变化。

图 7-5 示出了交变电流 $i = I_m\sin(\omega t + \phi_0)$ 或交变电压 $u = U_m\sin(\omega t + \phi_0)$ 的波形图,其中 $\phi_0 = \pi/6$。

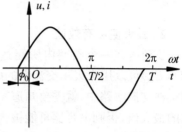

图 7-5　正弦交流电的波形图

7.1.4　交流发电机

图 7-1 中所示的在磁场中旋转的线圈就是一个交流发电机的模型。实际的发电机,结构比较复杂,但发电机的基本组成部分仍是磁极和线圈(线圈匝数很多,嵌在硅钢片制成的铁芯上,通常叫电枢)。电枢转动,而磁极不动的发电机,叫做旋转电枢式发电机。磁极转动,而电枢不动,线圈依然切割磁力线,电枢中同样会产生感应电动势,这种发电机叫做旋转磁极式发电机。不论哪种发电机,转动的部分都叫转子,不动的部分都叫定子。

大型发电机都是旋转磁极式的。

发电机的转子是由汽轮机、水轮机或其他动力机带动的。动力机将机械能传递给发电机,发电机把机械能转化为电能输送给外电路。

7.1.5　表征交流电的物理量

直流电的电压、电流是恒稳的,都不随时间而改变,要描述直流电,只用电压和电流这两个物理量就够了。交流电则不然,它的大小、方向都随时间做周期性的变化,因此,要描述交流电,需要的物理量就比较多。下面就来讨论表征交流电特点的物理量。

1. 周期和频率

交流电跟别的周期性过程一样,是用周期或频率来表示变化快慢的。在图 7-1 所示的实验里,线圈匀速转动一周,电动势、电流都按正弦规律变化一周。交流电完成一次周期性变化所需的时间,叫做交流电的周期。周期通常用 T 表示,单位是 s(秒)。交流电在 1 s 内完成周期性变化的次数叫做交流电的频率。频率通常用 f 表示,单位是 Hz(赫)。

根据定义,周期和频率的关系是 $T = \dfrac{1}{f}$ 或 $f = \dfrac{1}{T}$。

我国工农业生产和生活用的交流电,周期是 0.02 s、频率是 50 Hz,电流方向每秒改变100 次。

交流电变化的快慢,除了用周期和频率表示外,还可以用角频率表示。通常交流电变化一周可用 2π 弧度或 360°来计量。那么,交流电每秒所变化的角度(电角度),叫做交流电的角频率,用 ω 表示,单位是 rad/s(弧度)。因为交流电变化一周所需要的时间是 T,所以,角频率与周期、频率的关系是

$$\omega = \frac{2\pi}{T} = 2\pi f$$

2. 最大值和有效值

交流电在一个周期内所能达到的最大数值的瞬时值,称为交流电的最大值。最大值 (I_m,E_m) 可以用来表示交流电的电流强弱或电压高低,在实际中有重要意义。例如,把电容器接在交流电路中,就需要知道交流电压的最大值,电容器所能承受的电压不能低于交流电压的最大值,否则电容器可能被击穿。但是,在研究交流电的功率时,最大值用起来却不够方便,它不适于用来表示交流电产生的效果,因此,在实际工作中通常用有效值来表示交流电的大小。

交流电的有效值是根据电流的热效应来规定的。让交流电和直流电分别通过同样阻值的电阻,如果它们在同一时间内产生的热量相等,就把这一直流电的数值叫做该交流电的有效值(图 7-6)。例如,在同一时间内,某一交流电流通过一段电阻产生的热量,与 3 A 的直流电流通过阻值相同的另一电阻产生的热量相等,那么,这一交流电流的有效值就是 3 A。

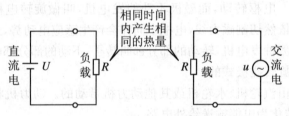

图 7-6 交流电有效值的物理意义

交流电动势和电压的有效值可以用同样的方法来确定。通常用 E、U、I 分别表示交流电动势、电压和电流的有效值。计算表明,正弦交流电的有效值和最大值之间有如下的关系:

$$E = \frac{E_m}{\sqrt{2}} \approx 0.707 E_m$$

$$U = \frac{U_m}{\sqrt{2}} \approx 0.707 U_m$$

$$I = \frac{I_m}{\sqrt{2}} \approx 0.707 I_m$$

我们通常说照明电路的电压是 220 V,便是指有效值。各种使用交流电的电气设备上所标的额定电压和额定电流的数值、一般交流电流表和交流电压表测量的数值,也都是有效值。以后提到交流电的数值,凡没有特别说明的,都是指有效值。

3. 相位和相位差

(1)相位

在式 $i = I_m\sin(\omega t + \phi_0)$ 中,$(\omega t + \phi_0)$ 表示在任意时刻线圈平面与中性面所成的角度,这个角度称为相位角,也称相位或相角,它反映了交流电变化进程。其中,ϕ_0 为正弦量 $t = 0$

时的相位,称为初相位,也称初相角或初相。

（2）相位差

两个交流电的相位之差叫做它们的相位差,用 ϕ 来表示。如果交流电的频率相同,相位差就等于初相之差,即

$$\phi = (\omega t + \phi_{01}) - (\omega t + \phi_{02}) = \phi_{01} - \phi_{02}$$

这时相位差是恒定的,不随时间而改变。

两个频率相同的交流电,如果它们的相位差为零,就称这两个交流电为同相。它们的变化步调一致,总是同时到达零和正负最大值。

两个频率相同的交流电,如果它们的相位差为180°,就称这两个交流电为反相。它们的变化步调恰好相反,一个到达正的最大值时,另一个恰好到达负的最大值;一个减小到零,另一个恰好增大到零。

表示两个频率相同的交流电,但初相不同,且 $\phi_{01} > \phi_{02}$,从图 7-7 中可以看出,它们的变化步调不一致,e_1 比 e_2 先到达正的最大值、零或负的最大值。这时说 e_1 比 e_2 超前 ϕ 或者 e_2 比 e_1 滞后 ϕ。

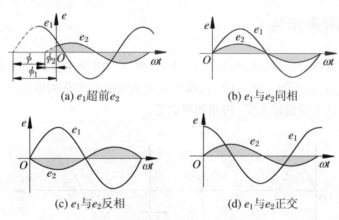

(a) e_1超前e_2　　　　　　　　　(b) e_1与e_2同相

(c) e_1与e_2反相　　　　　　　　　(d) e_1与e_2正交

图 7-7　两个同频率正弦量的相位关系

综上所述,有效值(或最大值)、频率(或周期、角频率)、初相是表征正弦交流电的三个重要物理量。知道了这三个量,就可以写出交流电瞬时值的表达式,从而知道正弦交流电的变化规律,故把它们称为正弦交流电的三要素。

7.2　交流电的表示法

正弦交流电可以用解析式、波形图、相量图和复数表示。前两种方法在前面已介绍过,这里只做简要归纳,本节重点讲解相量图表示法。复数表示法不做介绍。

7.2.1　瞬时值表示法

上述正弦交流电的电动势、电压和电流的瞬时值表达式。又称交流电的解析式,即

$$e = E_m\sin(\omega t + \phi_0)$$
$$i = I_m\sin(\omega t + \phi_0)$$
$$u = U_m\sin(\omega t + \phi_0)$$

如果知道了交流电的有效值(或最大值)、频率(或周期、角频率)和初相,就可以写出它的解析式,可算出交流电任何瞬间的瞬时值。

例如,已知某正弦交流电压的最大值 $U_m = 310$ V,频率为 50 Hz,初相 $\phi_0 = 30°$,则它的解析式为

$$u = U_m\sin(\omega t + \phi_0) = 310\sin(100\pi t + 30°)\,\text{V}$$

在 $t = 0.01$ s 时的电压瞬时值为

$$u = 310\sin(100\pi \times 0.01 + 30°) = 310\sin210° = -155\ \text{V}$$

7.2.2　波形图表示法

正弦交流电还可用与解析式相应的波形图来表示。即用正弦曲线来表示,如图 7-8 所示。图中的横坐标表示时间 t 或角度 ωt,纵坐标表示随时间变化的电动势、电压和电流的瞬时值,在波形上可以反映出最大值、初相和周期等。

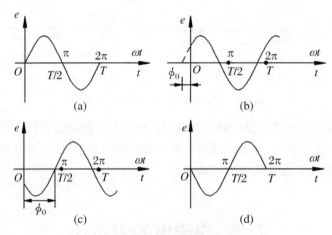

图 7-8　正弦交流电的波形图表示法

图 7-8 中,(a)的初相为零,(b)的初相在 0~π 之间,(c)的初相在 -π~0 之间,(d)的初相为 ±π。

由图 7-8 可看出,如果正弦交流电的初相是正值,曲线的起点就在坐标原点的左边,$t = 0$ 时的瞬时值为正;如果初相是负值,则起点在原点的右边,$t = 0$ 时的瞬时值为负值。

有时为了比较几个正弦量的相位关系,也可以把它们的曲线画在同一坐标系内。图 7-9

画出了两个正弦量 u、i 的曲线,但由于它们的单位不同,故纵坐标上电压、电流可分别按照不同的比例来表示。

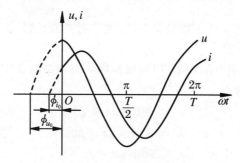

图 7-9 同频率正弦量的相位差

7.2.3 相量图表示法

1. 最大值旋转相量

如果要对正弦交流电进行加减运算,用前面的波形图或瞬时值表达式都很不方便。为此,需要引入正弦交流电的相量表示法。现以正弦电动势 $e = E_m \sin(\omega t + \phi_0)$ 为例,在平面直角坐标系中,从原点作一个矢量,使其长度等于正弦交流电动势的最大值 E_m,矢量与横轴 OX 的夹角等于正弦交流电动势的初相角 ϕ_0,矢量以角速度 ω 逆时针方向旋转。这样的旋转矢量反映了正弦交流电的三要素,故可以用来表示交流电。

由此可见,一个正弦量可以用一个旋转矢量表示,矢量以角速度 ω 沿逆时针方向旋转(图 7-10)。

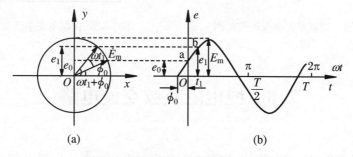

图 7-10 正弦交流电的旋转矢量表示

2. 最大值相量的简化

显然,对于这样的旋转矢量不可能也没有必要把每一瞬间的位置都画出来,只要画出它的起始位置即可,无需旋转。因此,一个正弦量只要它的最大值和初相确定后,表示它的矢量就可确定,这样的相量叫最大值相量。并用大写字母上加黑点的符号来表示,如 $\dot{I}_m$ 和 $\dot{E}_m$ 分别表示电流相量和电动势相量。

3. 有效值相量图

在实际问题中遇到的都是有效值,故把相量图中各个相量的长度缩小到原来的 $\dfrac{1}{\sqrt{2}}$,这样,相量图中每一个相量的长度不再是最大值,而是有效值,这种相量叫有效值相量。

4. 正弦交流电的相量图

同频率的几个正弦交流电的相量,可以画在同一直角坐标系上,这样的图叫相量图。例如,有三个同频率的正弦量为

$$e = 60\sin(\omega t + 60^\circ)$$
$$u = 30\sin(\omega t + 30^\circ)$$
$$i = 5\sin(\omega t - 30^\circ)$$

它们的相量图如图 7-11 所示。

用符号 $\dot{E}$、$\dot{U}$ 和 $\dot{I}$ 表示。

【例题】 设 $u = 220\sqrt{2}\sin(\omega t + 53^\circ)$ V, $i = 0.41\sqrt{2}\sin\omega t$ A,作电压 u 与电流 i 的相量图。

解 电流初相 $\phi_{i_0} = 0$,就以它作参考相量,画在水平方向上。电压和电流之间的相位差为 53°,电压超前电流 53°,相量图如图 7-12 所示。

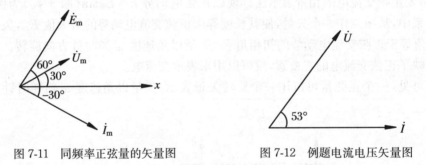

图 7-11　同频率正弦量的矢量图　　　图 7-12　例题电流电压矢量图

7.3　纯电阻正弦交流电路

电路中如果只考虑电阻的作用,这种电路称为纯电阻电路。白炽电灯、电炉、电烙铁等负载,它们的电感与电阻相比是很小的,可略去不计,在分析上就认为是纯电阻电路。

7.3.1　电流电压之间的关系

在纯电阻电路中,设加在电阻 R 上的交流电压是 $u = U_m\sin\omega t$,通过这个电阻的电流瞬时值为

$$i = \frac{u}{R} = \frac{U_{\mathrm{m}}}{R}\sin\omega t = I_{\mathrm{m}}\sin\omega t$$

式中, $I_{\mathrm{m}} = \dfrac{U_{\mathrm{m}}}{R}$。如果在等式两边同时除以 $\sqrt{2}$,则得 $I = \dfrac{U}{R}$。

　　这就是纯电阻电路中欧姆定律的表达式。这个表达式跟直流电路中欧姆定律的形式完全相同,所不同的是,在交流电路中电压和电流要用有效值。

　　在纯电阻电路中,电流和电压是同相的,即电阻对电流和电压之间的相位关系没有影响。在图 7-13 所示的电路中,电流和电压是同相的。它们的波形图和相量图如图 7-14 所示。

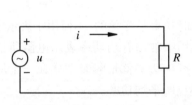

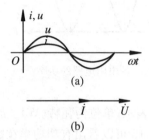

　　　　图 7-13　纯电阻正弦电路　　　　　　　图 7-14　纯电阻电路的电流电压关系

　　【例题】　在纯电阻电路中,已知电阻为 44 Ω,交流电压 $u = 311\sin(314t + 30°)$ V,求通过电阻的电流是多大? 写出电流的解析式。

　　解　电压的有效值为

$$U = \frac{U_{\mathrm{m}}}{\sqrt{2}} = \frac{311}{\sqrt{2}} \text{ V} = 220 \text{ V}$$

所以

$$I = \frac{U}{R} = \frac{220}{44} \text{ A} = 5 \text{ A}$$

$$I_{\mathrm{m}} = \sqrt{2}I = \sqrt{2} \times 5 \text{ A} = 7.07 \text{ A}$$

　　因此,电流的解析式为

$$i = I_{\mathrm{m}}\sin(\omega t + \phi_0) = \sqrt{2} \times 5\sin(314t + 30°)\text{A} = 7.07\sin(314t + 30°) \text{ A}$$

7.3.2　纯电阻电路的功率

　　在直流电路中,电功率等于电压和电流的乘积($P = UI$)。而在交流电路中,电压和电流是不断变化的,因此,将电压瞬时值 u 和电流瞬时值 i 的乘积称为瞬时功率,用小写字母 p 表示,即

$$p = ui$$

设

$$u = U_{R_{\mathrm{m}}}\sin\omega t$$

则

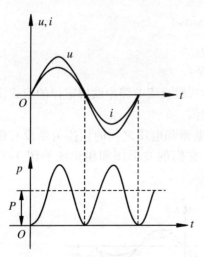

图 7-15　纯电阻电路的功率

$$i = I_\mathrm{m}\sin\omega t$$

所以

$$p = ui = (U_{R_\mathrm{m}}\sin\omega t) \times (I_\mathrm{m}\sin\omega t)$$

$$= U_{R_\mathrm{m}}I_\mathrm{m}\sin^2\omega t = U_{R_\mathrm{m}}I_\mathrm{m}\frac{1 - \cos2\omega t}{2}$$

$$= U_R I - U_R I\cos2\omega t$$

画出的波形,如图 7-15 所示。

从函数式和波形图均可看出:由于纯电阻电路的电流和电压同相,所以,瞬时功率总是正值,表示电阻总是消耗电功率,把电能转换成热能,而且这种能量转换是不可逆的。

因为瞬时功率是变化的,不便用于表示电路的功率大小。在实用中常用有功功率表示电阻所消耗功率的大小。所谓有功功率就是瞬时功率在一个周期内的平均值,用 P 表示,单位为瓦特(W)。故,有功功率也叫平均功率。

由图 7-15 可以看出有功功率在数值上等于瞬时功率曲线的平均高度,也就是最大瞬时功率值的一半。即

$$P = \frac{1}{2}P_\mathrm{m} = \frac{1}{2}U_{R_\mathrm{m}}I_\mathrm{m} = \frac{1}{2}\sqrt{2}U_R \times \sqrt{2}I = U_R I$$

即

$$P = U_R I$$

通常所说电器消耗的功率,例如,40 W 灯泡,75 W 电烙铁等,都是指有功功率。

7.4　纯电感正弦交流电路

7.4.1　电感对交流电的阻碍作用

在图 7-16 所示的电路里,当双刀双掷开关 S 分别接通直流电源和交流电源(直流电压和交流电压的有效值相等)的时候,灯泡的亮度相同,这表明电阻对直流电和对交流电的阻碍作用是相同的。

用电感线圈 L 代替图 7-16 中的电阻 R,并且让线圈 L 的电阻值等于 R,如图 7-17 所示。再用双刀双掷开关 S 分别接通直流电源和交流电源,可以看到,接通直流电源时,灯泡的亮度与图 7- 16 时相同;接通交流电源时,灯泡明显变暗,这表明电感线圈对直流电和对交流电的阻碍作用是不同的。对于直流电,起阻碍作用的只是线圈的电阻;对交流电,除了线圈的电阻外,电感也起阻碍作用。

电感对交流电的阻碍作用叫做感抗,用符号 X_L 表示,它的单位也是欧姆(Ω)。

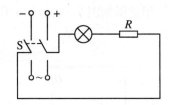
图 7-16　电阻对交直流电流的作用

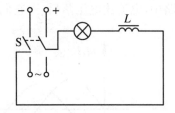
图 7-17　电感对交直流电流的作用

感抗的大小与哪些因素有关呢? 感抗是由自感现象引起的,线圈的自感系数 L 越大,自感作用就越大,因而感抗也越大;交流电的频率 f 越高,电流的变化率越大,自感作用也越大,感抗也就越大。进一步的研究指出,线圈的感抗 X_L 跟它的自感系数 L 和交流电的频率 f 有如下的关系:

$$X_L = \omega L = 2\pi f L$$

X_L、f、L 的单位分别是欧(Ω)、赫(Hz)、亨利(H)。

7.4.2　扼流圈

$X_L = 2\pi f L$ 表明感抗与通过线圈的电流频率有关。例如,自感系数是 1 H 的线圈,对于直流电,频率 $f = 0$,则感抗 $X_L = 0$;对于 50 Hz 的交流电,$X_L = 314\ \Omega$,对于 500 kHz 的交流电,$X_L = 3.14\ \text{M}\Omega$。所以,电感线圈在电路中有"通直流、阻交流"或"通低频、阻高频"的特性。

在电工和电子技术中,用来"通直流、阻交流"的电感线圈,叫低频扼流圈。线圈绕在闭合的铁芯上,匝数为几千甚至超过一万,自感系数为几十亨,这种线圈对低频交流电有很大的阻碍作用。用来"通低频、阻高频"的电感线圈,叫高频扼流圈。线圈有的绕在圆柱形的铁氧体心上,有的是空心的,匝数为几百,自感系数为几个毫亨,这种线圈对低频交流电的阻碍作用较小,对高频交流电的阻碍作用很大。

7.4.3　电流与电压的关系

一般的线圈中电阻比较小,可以忽略不计,而认为线圈只有电感,这种线圈被认为是纯电感线圈。只有电感的电路叫纯电感电路。

在纯电感电路中,电流与电压成正比,即 $I = \dfrac{U}{X_L}$,这就是纯电感电路中欧姆定律的表达式。

电流和电压之间的相位关系,可以使用示波器观察。把电感线圈两端的电压和线圈中的电流输送给双踪示波器,在荧光屏上就可以看到电压和电流的波形。

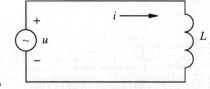
图 7-18　纯电感电路

从波形看出,电感使线圈中的交流电流落后于线圈两端的交流电压。精确的实验可以证明,在纯电感电路中,电流比电压落后$\frac{\pi}{2}$,它们的波形图和相量图如图 7-19(a)、(b)所示。

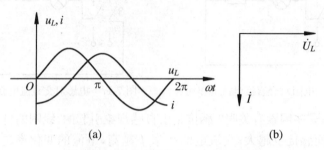

(a)   (b)

图 7-19   纯电感电路的电流电压关系

7.4.4   纯电感电路的功率

设通过纯电感线圈的电流

$$i = I_m \sin \omega t$$

则

$$u_L = U_{L_m} \sin(\omega t + 90°)$$

所以

$$p = ui = (I_{L_m} \sin \omega t) \times (U_{L_m} \sin \omega t + 90°) = U_L I \sin 2\omega t$$

上式表明,纯电感电路的瞬时功率也是正弦函数,其波形图如图 7-20 所示。

由图中可以看出,功率曲线一半为正一半为负,瞬时功率的平均值为零,即

$$P = 0$$

说明纯电感线圈在交流电路中是不消耗电功率的。只是在线圈和电源之间进行着可逆的能量转换,电感是一种储能元件。当瞬时功率为正值时,表示电感线圈从电源吸收能量,并以磁场能的形式储存在线圈内部,此时电感中的电流增大;当瞬时功率为负值时,表示电感线圈中的能量返还给电源,此时电感中的电流减小,在电感线圈与电源之间进行着

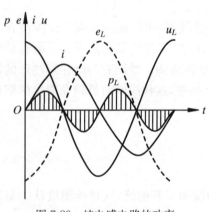

图 7-20   纯电感电路的功率

可逆的能量转换。

瞬时功率的最大值 $U_L I$,表示电感与电源之间能量交换的最大值,称为无功功率,用符号 Q_L 表示,单位是乏(var)。即

$$Q_L = U_L I = I^2 X_L = \frac{U_L^2}{X_L}$$

7.5　纯电容电路

按图 7-21 把电灯和电容器串联成一个电路,如果把它们接在直流电源上,电灯不亮,说明直流电不能通过电容器,如果把它们接在交流电源上,电灯就亮了,说明交流电能"通过"电容器。这是为什么呢? 原来,电流实际上并没有通过电容器的电介质,只不过是在交流电压的作用下,当电源电压增高时,电容器充电,电荷向电容器的极板上集聚,形成充电电流;当电源电压降低时,电容器放电,电荷从电容器的极板上放出,形成放电电流。电容器交替进行充电和放电,电路中就有了电流。就好似交流电"通过"了电容器。

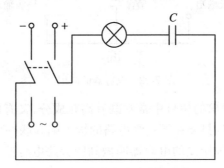

图 7-21　电容对交直流电流的作用

7.5.1　电容对交流电的阻碍作用

在图 7-21 所示的实验中,如果把电容器从电路中取下来,使电灯直接与交流电源相接,可以看到,电灯要比接有电容器时亮得多,这表明电容也对交流电有阻碍作用。

电容对交流电的阻碍作用叫做容抗,用符号 X_C 表示,它的单位也是欧姆(Ω)。

容抗的大小与哪些因素有关呢? 在上面的实验中,改变电容量的大小发现:电容越大,电灯越亮,电容变小,电灯变暗。保持电源电压不变,改变交流电的频率发现:交流电的频率越高,电灯越亮,频率减小,电灯变暗。科学家们将上述现象进行定量分析后得出电容器的容抗 X_C 与它的电容 C 和交流电的频率 f 有如下的关系:

$$X_C = \frac{1}{\omega C} = \frac{1}{2\pi f C}$$

式中,X_C、f、C 的单位分别是欧(Ω)、赫(Hz)、法拉(F)。

7.5.2　隔直电容器和旁路电容器

电容器在收音机、电视机中应用很多。如有的前置放大器,从前一装置输出的电流常常既有交流成分,又有直流成分。如果只需要把交流成分输送到下一级装置,只要在两级电路之间串联一个电容器。如图 7-22(a)所示,就可以使交流成分通过,而阻止直流成分通过。作这种用途的电容器叫做隔直电容器,隔直电容器的电容一般较大。

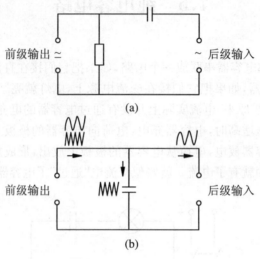

图 7-22   电容器的应用

    还有些从前级放大器输出的信号中常常既有高频成分,又有低频成分。如果只需要把低频成分输送到下一级装置,只要在下一级电路的输入端并联一个电容器,如图 7-22(b)所示,就可以达到目的。作这种用途的电容器叫做高频旁路电容器。高频旁路电容器的电容一般较小。

    这种将交流成分(或高频成分)滤去的过程称为滤波。起滤波作用的电路叫做滤波电路。

7.5.3   电流与电压的关系

    只有电容元件的交流电路叫纯电容电路如图 7-23 所示。在纯电容电路中,电流与电压成正比,即

$$I = \frac{U}{X_C}$$

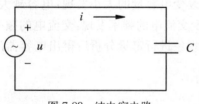

图 7-23   纯电容电路

这就是纯电容电路中欧姆定律的表达式。

    电流和电压之间的相位关系,可以使用示波器来观察。把电容两端的电压和其中电流的变化输送给示波器,从荧光屏上的电流和电压的波形可以看出,电容使交流电的电流超前于电压。精确的实验可以证明,在纯电容电路中,电流比电压超前 $\frac{\pi}{2}$,它们的波形图和相量图如图 7-24 所示。

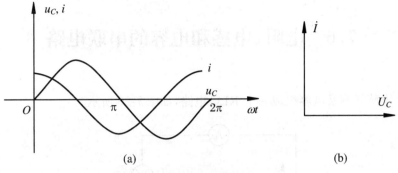

图 7-24　纯电容电路的电流电压关系

7.5.4　电容电路的功率

设

$$u_C = U_{Cm}\sin\omega t$$

则

$$i = I_m\sin(\omega t + 90°)$$

所以

$$p = ui = (U_{Cm}\sin\omega t) \times (I_m\sin\omega t + 90°)$$

$$= \frac{1}{2}U_{Cm}I_m\sin2\omega t = U_C I\sin2\omega t$$

上式表明,纯电容电路瞬时功率也是正弦函数,它的波形如图 7-25 所示。

由图中可以看出,功率曲线一半为正一半为负,瞬时功率的平均值为零,即 $P = 0$,说明电容元件是不消耗电功率的。因此,电容器是贮能元件。当瞬时功率为正值时,表示电容器从电源吸收能量,并储存在电容器内部,此时电容器两端电压增加;当瞬时功率为负值时,表示电容器中的能量返还给电源,此时电容器两端电压减小,在电容器和电源之间进行着可逆的能量转换。

瞬时功率的最大值 $U_C I$,表示电容器与电源之间能量交换的最大值,称为无功功率,用符号表示,单位是乏(Var)。即

$$Q_C = U_C I = I^2 X_C = \frac{U_C^2}{X_C}$$

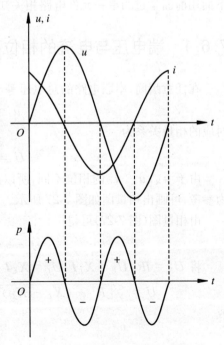

图 7-25　纯电容电路的功率

7.6   电阻、电感和电容的串联电路

由灯泡、电感线圈及电容组成一个 RLC 电路，如图 7-26 所示。

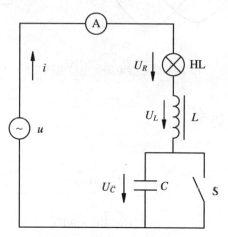

图 7-26 R、L、C 串联电路

开关 S 闭合后接上交流电源，灯泡微亮。再合上 S，灯泡变亮，同时可通过交流电流表观察电流的变化。分别测量 R、L、C 两端的电压，发现 $U_R + U_L + U_C \neq U$，这是为什么呢？下面用前面学过的单一元件电路相关知识来解决这个问题。

7.6.1   端电压与电流的相位关系

在任意瞬间，串联电路的总电压等于个元件上电压之和，即

$$u = u_R + u_L + u_C$$

对应的相量关系为

$$\dot{U} = \dot{U}_R + \dot{U}_L + \dot{U}_C$$

由于 u_R、u_L、u_C 的相位不同，所以总电压并不等于各个电压有效值之和。以电流相量为参考，可画出相量图如图 7-27 所示。

由相量图（图 7-27）可得

$$U = \sqrt{U_R^2 + (U_L - U_C)^2}$$

将 $U_R = IR$、$U_L = X_L I$、$U_C = X_C I$ 代入上式，得

$$U = \sqrt{[R^2 + (X_L - X_C)^2]I^2} = I\sqrt{R^2 + (X_L - X_C)^2} = |Z|I$$

或

$$I = \frac{U}{|Z|}$$

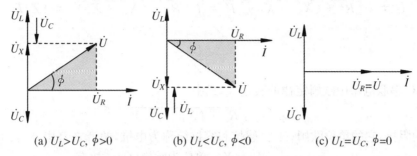

(a) $U_L > U_C,\ \phi > 0$　　　　　(b) $U_L < U_C,\ \phi < 0$　　　　　(c) $U_L = U_C,\ \phi = 0$

图 7-27　R、L、C 串联电路的电流电压相量图

这就是 RLC 串联电路中欧姆定律的表达式,式中

$$|Z| = \sqrt{R^2 + (X_L - X_C)^2}$$

叫做电路的阻抗,它的单位欧姆(Ω)。感抗和容抗统称为电抗,两者之差用 X 表示,即 $X = X_L - X_C$,单位为欧姆(Ω)。故有

$$|Z| = \sqrt{R^2 + X^2}$$

电流相量与电压相量之间的夹角 ϕ 称为电路的阻抗角。

7.6.2　电路的电感性、电容性和电阻性

在 RLC 串联电路中,由于 R、L、C 参数以及电源频率不同,电路可能出现以下三种情况。

(1) 当 $X_L > X_C$,则 $U_L > U_C$。阻抗角 $\phi > 0$,电路呈电感性,电压超前电流 ϕ 角。

(2) 当 $X_L < X_C$,则 $U_L < U_C$。阻抗角 $\phi < 0$ 电路呈电容性,电压落后电流一个 ϕ 角。

(3) 当 $X_L = X_C$,则 $U_L = U_C$。

电感两端电压和电容两端电压大小相等,相位相反,故端电压就等于电阻两端的电压 $U = U_R$,端电压 u 与电流 i 的相位差为 $\phi = 0$,电路呈电阻性。电路的这种状态叫做串联谐振。

7.6.3　三个重要的相似三角形

1. 电压三角形

从图 7-27 中可以看到,电路的端电压与各分电压构成一直角三角形,叫电压三角形。如图 7-27(a),端电压为直角三角形的斜边,直角边由两个分量组成,一个分量是与电流相位相同的分量,也就是电阻两端的电压 U_R;另一个分量是与电流相位相差 $90°$ 的分量,也就是电感与电容两端电压之差 $|U_L - U_C|$。

由电压三角形可得到:端电压有效值与各分电压有效值的关系是相量和,而不是代数和,根据勾股定理:

$$U = \sqrt{U_R^2 + (U_L - U_C)^2}$$

将 $U_R = IR$、$U_L = X_L I$、$U_C = X_C I$ 代入上式,得

$$U = \sqrt{[R^2 + (X_L - X_C)^2]I^2} = I\sqrt{R^2 + (X_L - X_C)^2} = |Z|I$$

或

$$I = \frac{U}{|Z|}$$

这就是 RLC 串联电路中欧姆定律的表达式,式中

$$|Z| = \sqrt{R^2 + (X_L - X_C)^2}$$

叫做电路的阻抗,它的单位欧姆(Ω)。感抗和容抗统称为电抗,两者之差用 X 表示,即 $X = X_L - X_C$,单位为欧姆(Ω)。故有

$$|Z| = \sqrt{R^2 + X^2}$$

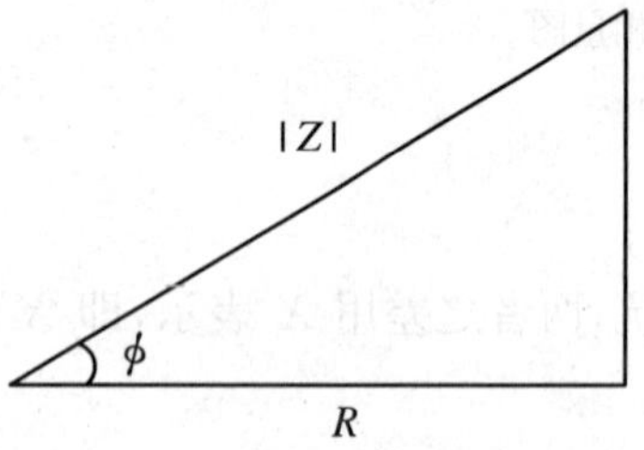

2. 阻抗三角形

将电压三角形各边同除以电流 I 可得到阻抗三角形。斜边为阻抗 $|Z|$,直角边为电阻 R 和电抗 X,如图 7-28 所示。

$|Z|$ 和 R 两边的夹角。也叫做阻抗角,它就是端电压和电流的相位差,即

图 7-28　RLC 串联电路的阻抗三角形

$$\phi = \arctan\frac{X_L - X_C}{R} = \arctan\frac{X}{R}$$

3. 功率三角形

在 RLC 串联电路中,只有电阻是消耗功率的,而电感和电容都不消耗功率,因而在 RLC 串联电路中的有功功率,就是 R 上所消耗的功率,即 $P = U_R I$。

由图 7-27 可知,电阻两端的电压和总电压的关系为 $U_R = U\cos\phi$,所以

$$P = U_R I = UI\cos\phi$$

电感和电容虽然不消耗功率,但与电源之间进行着周期性的能量交换,它们的无功功率分别为 $Q_C = U_C I$ 和 $Q_L = U_L I$。

由于电感和电容两端的电压在任何时刻都是反相的,所以,Q_L 和 Q_C 的符号相反。故,RLC 串联电路中的无功功率为线圈和电容上的无功功率之差,即 $Q = Q_L - Q_C = (U_L - U_C)I$,由图 7-27 可知,$U_L - U_C = U\sin\phi$,所以电路中的无功功率为 $Q = UI\sin\phi$。

公式 $P = U_R I = UI\cos\phi$ 指出,总电压有效值和电流有效值的乘积,并不代表电路中消耗的功率,总电压有效值和电流有效值的乘积叫做视在功率,以符号 S 表示,即 $S = UI$,单位为伏·安(V·A)。

如将图 7-27 中的电压三角形的各边乘以电流,便可得到如图 7-29 所示的功率三角形。

在功率三角形中,斜边为视在功率,它代表电源可能提供的最大功率;水平直角边为有功功率,它代表电路中消耗的功率;垂直直角边为无功功率,它代表电路与电源交换的功率。

由功率三角形可得

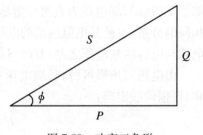

图 7-29　功率三角形

$$S = \sqrt{P^2 + Q^2}$$

最后应该指出,公式 $P = UI\cos\phi$, $Q = UI\sin\phi$, $S = UI$ 适用于任何电路,其中 ϕ 为电路总电流与总电压的相位差。

7.6.4　功率因数

当电源的视在功率一定时,电路有功功率的大小取决于 $\cos\phi$, $\cos\phi$ 等于电路的有功功率与视在功率的比值,叫做功率因数,用 λ 表示。即 $\lambda = \cos\phi = \dfrac{P}{S}$。功率因数的大小反映电源功率被利用的程度。功率因数越大,则说明电源的利用率越高,即电路(负载)与电源之间来回交换能量少。所以,在同一电压下,要输送同一功率,功率因数越高,则线路中电流越小,线路中的损耗也越小。因此,在电力工程上,力求使功率因数接近于 1。

【例 1】　在 RLC 串联电路中,已知电路端电压 $U = 220\,\text{V}$,电源频率为 50 Hz,电阻 $R = 30\,\Omega$,电感 $L = 445\,\text{mH}$,电容 $C = 32\,\mu\text{F}$。求:(1)电路中的电流大小;(2)端电压和电流之间的相位差;(3)电阻、电感和电容两端的电压。

解　(1)先计算感抗、容抗和阻抗

$$X_L = 2\pi fL = 2 \times 3.14 \times 50 \times 0.445\ \Omega \approx 140\ \Omega$$

$$X_C = \frac{1}{2\pi fC} = \frac{1}{2 \times 3.14 \times 50 \times 32 \times 10^{-6}}\ \Omega = 100\ \Omega$$

$$|Z| = \sqrt{R^2 + (X_L - X_C)^2} = \sqrt{30^2 + (140 - 100)^2}\ \Omega = 50\ \Omega$$

$$I = \frac{U}{|Z|} = \frac{220}{|50|}\ \text{A} = 4.4\ \text{A}$$

(2)端电压和电流之间的相位差是

$$\phi = \arctan\frac{X_L - X_C}{R} = \arctan\frac{140 - 100}{30} = 53.1°$$

因为 $X_L > X_C$,所以 $\phi > 0$,电路呈电感性。

(3)电阻、电感和电容两端的电压分别是

$$U_R = RI = 30 \times 4.4\ \text{V} = 132\ \text{V}$$

$$U_L = X_L I = 140 \times 4.4\ \text{V} = 616\ \text{V}$$

$$U_C = X_C I = 100 \times 4.4\ \text{V} = 440\ \text{V}$$

7.6.5　RLC 串联电路的两个特例

1. RL 串联电路

在图 7-26 所示的电路中,当 $X_C = 0$ 时,即 $U_C = 0$,这时电路就是 RL 串联电路,其相量图如图 7-30(a)所示。

端电压与电流的数值关系为

$$U = \sqrt{U_R^2 + U_L^2} = \sqrt{R^2 + X_L^2}\,I = |Z|I$$

或

$$I = \frac{U}{|Z|}$$

这就是 RL 串联电路中欧姆定律的表达式,式中 $|Z| = \sqrt{R^2 + X_L^2}$,阻抗 Z、电阻 R 和感抗 X_L 也构成一阻抗三角形,如图 7-30(b)所示。

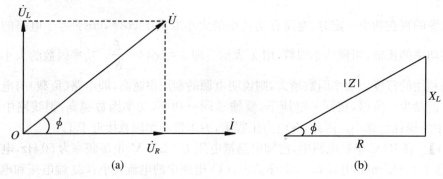

图 7-30 R、L 串联电路的相量图

2. RC 串联电路

在图 7-26 所示的电路中,当 $X_L = 0$ 时,电路就变成 RC 串联电路,其相量图如图 7-31 (a)所示。

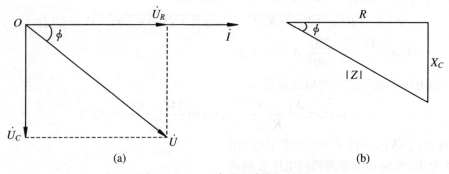

图 7-31 R、C 串联电路的相量图

端电压与电流的数值关系为

$$U = \sqrt{U_R^2 + U_C^2} = \sqrt{R^2 + X_C^2}\, I = |Z|\, I$$

或

$$I = \frac{U}{|Z|}$$

这就是 RC 串联电路中欧姆定律的表达式,式中 $|Z| = \sqrt{R^2 + X_C^2}$,阻抗 $|Z|$、电阻 R 和容抗 X_C 也构成一阻抗三角形,如图 7-31(b)所示。

【**例 2**】 在图 7-32(a)所示的 RC 串联电路中,已知电压频率是 800 Hz,电容是 0.046 μF,需要输出电压 U_2 较输入电压滞后 30°的相位差,求电阻的数值应为多少?

解 先画出电流和各元件两端电压的相量图,如图 7-32(b)所示。

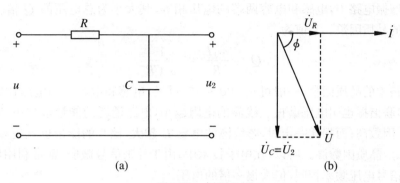

图 7-32　例题 2 图

因为 U_2 较 U 滞后 30°,所以,端电压和电流的相位差为

$$\phi = 90° - 30° = 60°$$

由阻抗三角形可得

$$\tan\phi = \frac{X_C}{R}$$

所以

$$R = \frac{X_C}{\tan\phi} = \frac{1}{2\pi fC\tan\phi} = \frac{1}{2 \times 3.14 \times 800 \times 0.046 \times 10^{-6} \times \tan60°}\ \Omega = 2\ 498\ \Omega$$

即电路应选择 2 498 Ω 的电阻,就能使输出电压滞后于输入电压 30°。

本题所举的电路,因为能够产生电压相位的偏移,因此,是一种移相电路。

7.7　串联谐振

在图 7-26 所示的电路中,当 $X_L = X_C$,这时电路的阻抗为

$$|Z| = \sqrt{R^2 + (X_L - X_C)^2} = R$$

电路阻抗最小

$$I = \frac{U}{|Z|} = \frac{U}{R}$$

电路中电流为最大值,且电流与电压同相位,电路呈电阻性,这种状态叫做串联谐振。

谐振条件为 $X_L = X_C$,即 $\omega L = \dfrac{1}{\omega C}$。

由上可得

$$\omega_0 = \frac{1}{\sqrt{LC}} \quad \text{或} \quad f_0 = \frac{1}{2\pi\sqrt{LC}}$$

f_0 称为串联谐振频率。可见,在 RLC 串联电路中,当电路 L、C 一定时,谐振频率也就确定了。如果电源频率一定,可以通过调节 L、C 的大小来实现谐振。

在串联谐振电路中,电感和电容两端的电压相等,其大小为总电压的 Q 倍。Q 称为串联谐振电路的品质因数。其值为

$$Q = \frac{\omega_0 L}{R} = \frac{1}{\omega_0 CR}$$

谐振电路中的品质因数,一般可达 100 左右,可见,电感和电容上的电压比电源电压大很多倍,故串联谐振也叫电压谐振。线圈的电阻越小,电路消耗的能量也越小,则表示电路品质好,品质因数高;而损耗一定时,若线圈的电感 L 越大,储存的能量也就越多,同样也说明电路品质好,品质因数高。所以,在电子技术中,由于外来信号微弱,常常利用串联谐振来获得一个与信号电压频率相同,但大很多倍的电压。

串联谐振的应用:在收音机中,常利用串联谐振电路来选择电台信号,这个过程叫调谐,如图 7-33(a)所示,图 7-33(b)是它的等效电路。

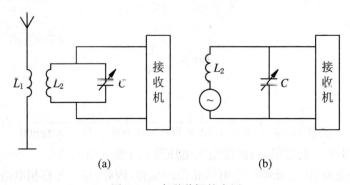

图 7-33   串联谐振的应用

当各种不同频率的信号电波在天线上产生感应电流时,电流经过线圈 L_1 感应到线圈 L_2 上,如果 $L_2 C$ 回路对某一信号频率发生谐振时,回路中该信号的电流最大,则在电容器两端产生一个高于该信号电压 Q 倍的电压 U_C,而对于其他各种频率的信号,因为没有发生谐振,在回路中电流很小,从而被电路抑制掉。所以,可以通过改变电容器的电容 C,以改变回路的谐振频率,来选择所需要的电台信号。

7.8   电感线圈和电容器的并联电路

7.8.1   电感线圈和电容器并联的谐振电路

图 7-34 所示是电感线圈和电容器并联的电路模型。设电容器的电阻损耗很小,可以忽略不计,看成一个纯电容;而线圈电阻损耗是不可忽略的,可以看成是 R 和 L 的串联电路。

由于两并联支路的端电压相等,电路的总电流 i 等于流过两个支路的电流 i_1 和 i_C 的相量和。电感支路中的电流 i_1 滞后于端电压 u 一个小于 $90°$ 的角度 ϕ_1,电容支路中的电流 i_C 则超前端电压 $90°$。取端电压 $\dot{U}$ 为参考相量,画出相量图,如图 7-35 所示。

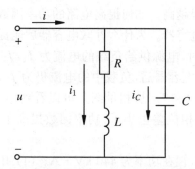
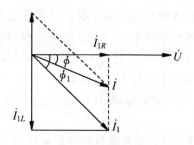

图 7-34 电感线圈和电容的并联电路图   图 7-35 电感线圈和电容并联的相量图

根据交流电路的欧姆定律,可以分别计算出每一支路上的电流有效值为

$$I_1 = \frac{U}{|Z|} = \frac{U}{\sqrt{R^2 + X_L^2}}$$

$$I_C = \frac{U}{X_C} = \omega CU$$

为了计算的方便,电感支路上的电流,可用两个分量和来代替,即

$$I_1 = \sqrt{I_{1R}^2 + I_{1L}^2}$$

所以,从图 7-35 可见,电路的总电流

$$I = \sqrt{I_{1R}^2 + (I_{1L} - I_C)^2}$$

总电流和端电压的相位差是

$$\phi = \arctan \frac{I_{1L} - I_C}{I_{1R}}$$

在并联电路两端外加交流电压,当电源频率很低时,电感支路中阻抗较小,电流 I_1 较大,电容支路中阻抗较大,电流 I_C 较小,结果电路中将流过较大的总电流 I;当电源频率很高时,电感支路中阻抗较大,电流 I_1 较小;电容支路中阻抗较小,电流 I_C 较大,结果电路中仍将流过较大的总电流。这两种情况都相当于并联电路的总阻抗较小。

在上述频率很高和频率很低的两种极端之间总会有某一频率使得电感支路中的电流 I_1 与电容支路中的电流 I_C 接近相等,这时由于两支路的电流的相位差接近于 $180°$,I_1 与 I_C 接近相互抵消,在电路中仅剩下一个很小的电流 I,该电流是与端电压同相的,这种情况叫做并联谐振。电感线圈和电容器组成的并联谐振电路是一种常见的、用途较广泛的谐振电路,在电子技术中应用极为广泛。例如,收音机里的中频变压器、用以产生正弦波的 LC 振荡器等,都是以电感线圈和电容器的并联电路作为核心部分的。

串联谐振电路只有当电源内阻很小时,才能得到较高的品质因数 Q 和比较好的选择性,如电源内阻很大,Q 值就很低,选择性会明显变坏。这时,可采用电感线圈和电容器组成的并联谐振电路。

7.8.2 功率因数的提高

功率因数的大小反映电源功率被利用的程度。一定视在功率的电源,电路的功率因数越高,能提供的有功功率越大,电源的潜能发挥得越高。如何提高电路的功率因数呢? 方法之一是在电感性负载两端并联一只容量适当的电容器。为什么并联电容器后能提高电路的功率因数呢? 如图 7-35 所示,没有电容器并联时,电源供给负载的电流为 I_1,I_1 滞后端电压 U 一个 ϕ_1 角,电路的功率因数为 $\cos\phi_1$,并联电容器后,负载中的电流仍为 I_1,可是电源供给的电流却不再等于 I_1,而是 I_1 和 I_C 的相量和 I。从相量图上可以看到,并联电容器后,电源供给的总电流减小了,总电流与电压的相位差也小了,功率因数提高了。即 $\cos\phi > \cos\phi_1$。

【例 1】 已知某发电机的额定电压为 220 V,视在功率为 440 kV·A。(1)用该发电机向额定工作电压为 200 V,有功功率为 4.4 kW,功率因数为 0.5 的用电器供电,问能供多少个用电器? (2)若把功率因数提高到 1 时又能供多少个用电器?

解 (1)当用电器的功率因数为 0.5 时,每个用电器所需的视在功率为

$$S_1 = \frac{P_1}{\cos\phi} - \frac{4.4}{0.5} \text{ V·A} = 8.8 \text{ V·A}$$

发电机能供给的用电器个数为

$$N - \frac{S}{S_1} = \frac{440 \text{ kV·A}}{8.8 \text{ kV·A}} = 50 \text{ 个}$$

(2)当用电器的功率因数提高为 1 时,每个用电器所需的视在功率为

$$S_1 = \frac{P_1}{\cos\phi} = \frac{4.4}{1} \text{ V·A} = 4.4 \text{ V·A}$$

发电机能供给的用电器个数为

$$N = \frac{S}{S_1} = \frac{440 \text{ kV·A}}{4.4 \text{ kV·A}} = 100 \text{ 个}$$

【例 2】 一发电厂以 22 kV 的高压输给负载 4.4×10^4 kW 的电力,若输电线路的总电阻 10 Ω,试计算电路的功率因数由 0.5 提高到 0.8 时,输电线一天少损失多少电能?

解 当功率因数 $\lambda_1 = 0.5$ 时,线路中流过的电流为

$$I_1 = \frac{P}{U\lambda_1} = \frac{4.4 \times 10^4 \times 10^3}{22 \times 10^3 \times 0.5} \text{ A} = \frac{4.4 \times 10^7}{22 \times 10^3 \times 0.5} \text{ A} = 4 \times 10^3 \text{ A}$$

当功率因数 $\lambda_2 = 0.8$ 时,线路中流过的电流为

$$I_2 = \frac{P}{U\lambda_2} = \frac{4.4 \times 10^4 \times 10^3}{22 \times 10^3 \times 0.8} \text{ A} = 2.5 \times 10^3 \text{ A}$$

所以,一天少损失的电能为

$$\Delta W = (I_1^2 - I_2^2)Rt$$
$$= [(4 \times 10^3)^2 - (2.5 \times 10^3)^2] \times 10 \times 24 \times 3\,600 \text{ kW·h}$$
$$= 8.424 \times 10^{12} \text{ J} = 2.34 \times 10^6 \text{ kW·h}$$

由上可知,提高电路的功率因数,一方面可以提高电源的利用程度,另一方面还可减小电路中的总电流,降低线路上的能量损耗。

7.9　电功率和电能的测量

7.9.1　电功率的测量

由前面的学习可知,电功率与电压、电流有关。电动系仪表结构上的主要特点是它有固定线圈和可动线圈,两者可分别承受负载的电流和电压,这就使得电动系仪表适合测量电功率。

1. 电动系测量机构的结构

电动系测量机构的结构如图 7-36 所示。它主要由固定线圈 1 和可动线圈 2 组成。固定线圈分成两段,其目的一是能获得较均匀的磁场,二是便于改换电流量程。在可动线圈的转轴上装有指针 3 和空气阻尼器的阻尼片 4,游丝 5 的作用除了产生反作用力矩外,还起引导电流的作用。

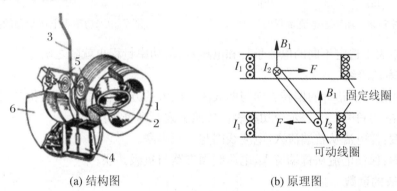

(a) 结构图　　　　　　　　　　　　(b) 原理图

图 7-36　电动系测量机构

2. 电动系功率表的结构及工作原理

电动系功率表由电动系测量机构与分压电阻构成,其原理电路如图 7-37 所示。把匝数少、导线粗的固定线圈与负载串联,使通过固定线圈的电流等于负载电流,因此,固定线圈又叫功率表的电流线圈;而把匝数多、导线细的可动线圈与分压电阻 R_V 串联后再与负载并联,使加在该支路两端的电压等于负载电压,所以可动线圈又称为功率表的电压线圈。

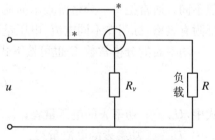

图 7-37　电动系功率表原理图

通过进一步的分析可得:$\alpha = K_P P$,即指针偏转角与被测电路的功率成正比。电动系功率表既可测直流电路的功率,又可测交流电路的功率。

3. 功率表的量程及扩大

实际应用时,为了满足测量不同大小功率的需要,往往需要扩大功率表的量程。功率量程主要由电流量程和电压量程来决定,所以功率表量程的扩大也就要通过电流量程和电压量程的扩大来实现。

(1) 电流量程的扩大。电动系仪表的电流线圈是由完全相同的两段线圈组成的,这样,就可以利用金属连接片将这两段线圈串联或并联,从而达到改变功率表电流量程的目的。当金属片如图 7-38(a)连接时,两段线圈串联,电流量程为 I_N;当金属片按图 7-38(b)连接时,两段线圈并联,电流量程扩大为 $2I_N$。可见,电动系功率表的电流量程是可以成倍改变的。

(2) 电压量程的扩大。大功率表电压量程是利用与电压线圈串联不同阻值分压电阻的方法来实现的,如图 7-39 所示。

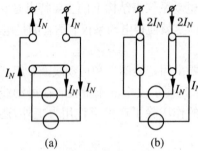
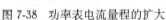
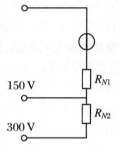

图 7-38　功率表电流量程的扩大　　　　图 7-39　功率表电压量程的扩大

要在功率表中选定不同的电流量程和电压量程,功率量程也就随之确定了。

4．功率表的接线

由于电动系仪表指针的偏转方向与两线圈中电流的方向有关,为防止指针反转,规定了两线圈的首端,用符号"＊"表示。功率表应按照下列原则进行接线。

电流线圈:使电流从首端流入,电流线圈与负载串联。

电压线圈:保证电流从首端流入,电压线圈支路与负载并联。

5．功率表的读数

便携式功率表有几种电流和电压量程,但标度尺只有一条,因此,功率表的标度尺上只标有分格数,而不标瓦特数。当选用不同的量程时,功率表标度尺的每一分格所表示的功率值不同。通常把每一分格所表示的瓦特数称为功率表的分格常数。一般的功率表说明书内都附有表格,标明在不同电流、电压量程时的分格常数,以供查用。

功率表的分格常数 C 也可按下式计算:

$$C = \frac{U_N I_N}{\alpha_m} \text{ 瓦 / 格}$$

式中,U_N——功率表的电压量程;

I_N——功率表的电流量程;

α_m——功率表标度尺满刻度的格数。

求得功率表的分格常数 C 后,便可求出被测功率

$$P = C\alpha \text{ 瓦}$$

式中,α——指针偏转的格数。

【例题】　若选用一只功率表,它的电压量程为 300 V、电流量程为 2.5 A,标度尺满刻度格数为 150 格,用它测量某负载消耗的功率时,指针偏转 100 格,求负载消耗的功率。

解 先求功率表的分格常数

$$C = \frac{U_N I_N}{\alpha_m} = \frac{300 \times 2.5}{150} \text{ W/格} = 5 \text{ W/格}$$

被测功率

$$P = 5 \times 100 \text{ W} = 500 \text{ W}$$

安装式功率表通常都做成单量程的,其电压量程为 100 V,电流量程为 5 A,以便和电压互感器及电流互感器配套使用。为了便于读数,安装式功率表的标度尺可以按被测功率的实际值加以标注,但是必须和指定变比的仪用互感器配套使用。

7.9.2 电能的测量

由于实际生产中常采用"度"或千瓦小时(kW·h)作为电能的单位,所以,测量电能的仪表叫做电能表或千瓦小时表。

电能表与功率表不同之处在于电能表不仅要能反映负载功率的大小,还要能累计负载用电的时间,并通过计度器把电能自动地累计起来。为使仪表能正常工作,电能表要具有较大的转动力矩。目前,交流电能的测量大多采用感应系电能表。这种电能表转动力矩大,成本低,是一种应用广泛的电能表。

1. 感应系电能表的结构

感应系电能表的结构如图 7-40 所示,其主要组成部分有:

(1) 驱动元件。用来产生转动力矩。它由电压元件 1 和电流元件 2 两部分组成。电压元件是指在 E 字形铁芯上绕有匝数多且导线截面较小的线圈,该线圈在使用时与负载并联,故称电压线圈。电流元件是指在 U 形铁芯上绕有匝数少且导线截面较大的线圈,该线圈使用时要与负载串联,称为电流线圈。

(2) 转动元件。由铝盘 3 和转轴 4 组成,转轴上装有传递铝盘转数的蜗杆 6。仪表工作时,驱动元件产生的转动力矩将驱使铝盘转动。

(3) 制动元件。由永久磁铁 5 组成。用来在铝盘转动时产生制动力矩,使铝盘的转速与波测功率成正比。

(4) 计度器(也称积算机构)。用来计算铝盘的转数,实现累计电能的目的。它包括安装在转轴上的齿轮 6、滚轮 7 以及计数器等,如图 7-41 所示。最终通过计数器直接显示出被

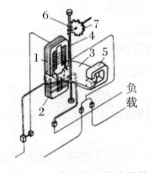
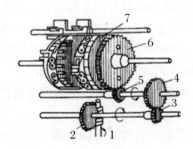

图 7-40 感应系电能表结构　　　　　图 7-41 积算机构

图 7-42　单相电能表接线

测电能的多少。

2．单相电能表的接线

单相电能表的接线仍应遵从发电机端(电源端)守则,即电能表的电流线圈与负载串联,电压线圈与负载并联,两线圈的发电机端应(电源端)接电源的同一极性端。为接线方便,单相电能表都有专门的接线盒,盒内接有 4 个端钮,如图 7-42 所示,连接时只要按照 1、3 端接电源,2、4 端接负载即可。

3．感应系电能表的读数

电能表某一时段内记录的电能＝时段末读数－时段初读数。

7.9.3　电子式电能表

随着用电管理的深度发展,电子式电能表的使用得到了推广。

1．电子式电能表的结构原理

电子式电能表方框图如图 7-43 所示。

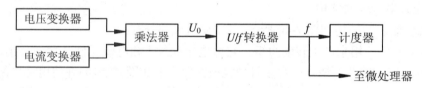

图 7-43　电子式电能表方框图

(1) 输入变换电路。包括电压变换器和电流变换器两部分。

· 作用:将高电压、大电流变换后送至乘法器。转换后的信号应分别与输入的高电压和大电流成正比。

· 常见的输入变换电路有精密电阻分流分压和仪用互感器两种。

(2) 乘法器。

· 乘法器是电子式电能表的核心,是一种能将两个互不相关的模拟信号进行相乘的电子电路,通常具有两个输入端和一个输出端,是一个三端网络。

· 乘法器的输出信号与两个输入信号的乘积成正比。

(3) U/f 转换器。U/f 转换器的作用是将输入电压(电流)转换成与之成正比的频率输出。在模/数(A/D)转换中,U/f 转换器是常用的一种电子电路。

(4) 计度器。

· 包括计数器和显示部分。计数器可将由 U/f 转换器输出的脉冲加以计数,然后送至显示电路显示。

· 全电子式电能表的显示部分通常采用液晶显示器进行计度。由于取消了感应式电能表的仪表转盘,故也称之为静止式电能表。

- 目前电子式电能表也有不少采用步进电机式的机械计度器。

DDS673 型系列电子式电能表如图 7-44 所示。

图 7-44　电子式电能表外形图

2. 单相电子式预付费(IC 卡)电能表

- 单相电子式预付费(IC 卡)电能表的用途是计量额定频率为 50 Hz 的交流单相有功电能并实现电量预购功能。准确度等级为 1.0 级。额定电压 220 V,额定电流有 2(10) A、5(25) A、10(50) A、20(100) A 等多种规格。

- 供电部门可通过计算机售电管理系统对用户预购电量、预置等,并经电卡传递给电能表。该电能表具有自动计算用户消耗电量、停电时表内数据自动保护、电能表具有最大负荷控制功能。

图 7-45　单相电子式预付费
(IC 卡)电能表

- 单相电子式预付费(IC 卡)电能表(图 7-45)采用六位计度器显示总消耗电量。电卡作媒介,由供电部门设置密码,保证了用户电卡只能自己使用而不能换用,电卡可反复使用达一千次以上。

单相电子式预付费(IC 卡)电能表的使用:

- 安装方法与感应式单项电能表相同。

- 用户到指定地点购电后,将购电后的电卡插入电表,保持 5 s 后方可拔出电卡,即可用电。

- 在用户拔下电卡约 30 s 后,电表进入隐显状态。

- 当电表电量小于 10 kW·h 时,电表由隐显变为常显状态,提醒用户电量已剩余不多。

- 当用户电量剩至 5 kW·h 时,电能表断电报警,再次提醒用户及时购电,此时用户将电卡重新插入表内一次,可继续使用 5 kW·h 电量。

7.10　非正弦周期性交流电

我们把不按正弦规律变化的电压(或电流)称为非正弦电压(或电流)。非正弦信号可分为周期性的和非周期性的两种,这里仅讨论周期性非正弦交流电。

在工程实际中,我们经常遇到周期性非正弦信号,如常用电子示波器中的扫描电压是锯齿波电压;收音机或电视机所收到的信号电压或电流的波形是显著的非正弦波形;在自动控制、电子计算机等领域内大量用到的脉冲电路中,电压和电流的波形也都是非正弦的。

7.10.1　周期非正弦量交流电的谐波分析

不同频率正弦波的合成是一个周期性的非正弦波;反之,任何一个周期性的非正弦波也都可以分解成为不同频率的正弦分量。

非正弦波的每一个正弦分量称为它的一个谐波分量,简称谐波。与非正弦波频率相同的正弦波称为基波或一次谐波。以后的各项称为高次谐波,它们的频率都是基波频率的整数倍。谐波频率是基波频率几倍就称为几次谐波。此外,非正弦波中还可能包含有直流分量,直流分量可以看作是频率为零的正弦波,即零次谐波,它在数值上等于非正弦波在一个周期内的平均值。

几种常见的周期性非正弦交流电如表 7-1 所示。

表 7-1　几种常见的周期性非正弦交流电

名称	波形图	谐波分量表达式
方波		$u = \dfrac{4}{\pi} U_{\mathrm{m}} \left(\sin\omega t + \dfrac{1}{3}\sin3\omega t + \dfrac{1}{5}\sin5\omega t + \cdots \right)$
锯齿波		$u = \dfrac{U_{\mathrm{m}}}{2} - \dfrac{U_{\mathrm{m}}}{\pi} U_{\mathrm{m}} \left(\sin\omega t + \dfrac{1}{2}\sin4\omega t + \dfrac{1}{3}\sin6\omega t + \cdots \right)$
全波整流波		$u = U_{\mathrm{m}} \left(\dfrac{2}{\pi} - \dfrac{4}{3\pi}\cos2\omega t - \dfrac{4}{15\pi}\cos4\omega t + \cdots \right)$

以上展开式都含有无穷多项,频率越高的项幅值越小,在工程应用中往往只取前 5～7 项,而把后面的更高次谐波忽略不计。

7.10.2　周期性非正弦交流电的计算

1. 有效值

周期性非正弦交流电的有效值等于基波及各次谐波有效值平方和的平方根。

$$U = \sqrt{U_0^2 + U_1^2 + U_2^2 + \cdots}$$

2. 平均功率

把周期性非正弦电压和电流分解成谐波以后,电路消耗的平均功率为

$$P = U_0 I_0 + U_1 I_1 \cos\phi_1 + U_2 I_2 \cos\phi_2 + U_3 I_3 \cos\phi_3 + \cdots$$

式中,$\phi_1, \phi_2, \cdots$ 为各次谐波电压和电流的相位差。

由上式可见,周期性非正弦交流电路消耗的平均功率为各次谐波所产生的平均功率之和。

在正弦交流电路中,只有电阻消耗功率,这一结论对周期性非正弦交流电也同样适用。

7.10.3　滤波器

一个周期性非正弦交流电可以分解成一系列频率不同的谐波分量,而电感线圈有通直流阻高频交流的作用,电容有通交流隔直流的作用。

由电感和电容组成不同的电路,把它接在输入与输出之间,让某些需要的频率信号顺利通过,而抑制某些不需要的频率信号,电路的这种功能称滤波,实现这种功能的电路称为滤波器。

阅读与应用

目前,我国的交流电能几乎都是由交流发电机发出来的。利用交流发电机把其他形式的能量转换成电能的场所,称为发电站或发电厂。根据发电所用一次能源(凡从自然界可直接取得而不改变其基本形态的能源)的种类不同,发电厂可分为水力、火力、风力、核能、太阳能、生物能发电等几种。现在世界各国建造最多的,主要是水力发电厂和火力发电厂。近几十年来,核电站也发展很快。随着环境保护意识的增强,绿色能源的开发和利用也得到越来越多的重视。

水力发电

水力发电是利用江河水流在高低之间存在的位能进行发电的(图7-46)。一般是在河流中筑坝形成水库,从水库引水,利用水流的动能和压力能推动水轮机旋转,将水能转变为机

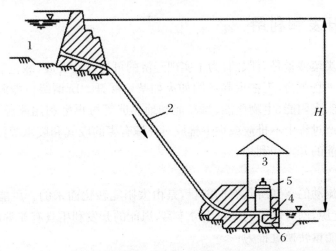

1—水库;2—压力水管;3—水电站厂房;4—水轮机;5—发电机;6—尾水渠道

图7-46　水电站示意图

械能。水轮机带动发电机旋转,将机械能转变为电能。电能出主变压器升高电压后,经高压配电装置和输电线向外供电。

水电站是将水能转变成电能的工厂,其能量转换的基本过程是:

$$水能 \rightarrow 机械能 \rightarrow 电能$$

水能是一种可再生能源,水力发电不消耗水量,发电后的水依然可用于灌溉、航运、渔业等;水力发电是清洁的电能生产方式,不会造成空气污染;水力发电运行成本低,是最为经济的发电方式。我国的水能资源丰富,占世界第一位,水力发电占全国总发电量的 20% 左右。我国的三峡水电厂是世界最大的水力发电厂,装机 32 台,单机容量 70 万千瓦,总装机容量达 2 240 万千瓦。

水轮机是将水能转换成旋转机械能的水力原动机。

火力发电

火力发电厂简称火电厂,是利用煤、石油、天然气或其他燃料的化学能生产电能的工厂。整个生产过程可分为三个阶段:

(1) 燃料在锅炉中燃烧把化学能转换为热能,加热锅炉中的水使之变为过热蒸汽;

(2) 锅炉中的高温高压蒸汽进入汽轮机,推动汽轮机的转子旋转,将热能转变为机械能;

(3) 汽轮机转子带动发电机转子旋转,把机械能变为电能。

发电厂中能量的转换过程(存在各种损失):

$$化学能 \rightarrow \quad 热能 \quad \rightarrow \quad 机械能 \quad \rightarrow \quad 电能$$
$$(煤) \quad (锅炉) \quad (汽轮机) \quad (发电机)$$

我国的煤炭资源比较丰富,燃煤火电厂是我国目前电能生产的主要方式,其发电量占全国总发电量的 70% 以上。

绿色能源的开发和利用

地球上的煤炭蕴藏量是有限的,为了实现经济的可持续性发展,绿色能源的开发与利用作为能源开发的一场革命,正在世界各国如火如荼地展开。所谓绿色能源是指通过特定的发电设备,将风能、太阳能、生物质能、海洋能和地热能等可再生利用能源转换得来的电能,其最大特点是生产过程中不排放或很少排放对环境有害的废气和废水等污染物。下面简单介绍风能和太阳能的开发和利用。

1. 风力发电

风能就是指流动的空气所具有的能量,是由太阳能转化而来的。风能是一种干净的自然能源、可再生能源,同时风能的储量十分丰富,风能的开发利用具有非常广阔的前景。

风力发电的能量转换过程为:

$$空气动能 \rightarrow 旋转机械能 \rightarrow 电能$$

风力发电机组由风力机和发电机及其控制系统所组成,其中风力机完成风能到机械能的转换,发电机及其控制系统完成机械能到电能的转换。

风力发电的特点:

(1) 风能是可再生能源,不存在资源枯竭的问题。

(2) 风力发电是清洁的电能生产方式,不会造成空气污染。

(3) 风力发电机组建设工期短,单台机组安装仅需几周,从土建、安装到投产,只需半年至一年时间。投资规模灵活,可根据资金多少来确定,而且安装一台可投产一台。

(4) 运行简单,可完全做到无人值守。

(5) 实际占地少,机组与监控、变电等建筑仅占风电场约 1% 的土地,其余场地仍可供农、牧、渔使用,而且对土地要求低,在山丘、海边、河堤、荒漠等地形条件下均可建设,还可建设大型海上风力发电场。

(6) 偏远地区地广、人稀、风力资源丰富,风力发电独立运行方式便于解决其供电问题。

(7) 风能具有间歇性,风力发电必须和一定的其他形式供能或储能方式结合。

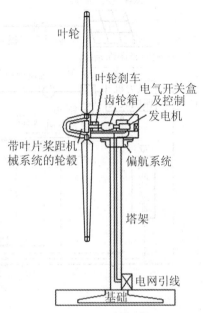

图 7-47　风力发电机组

(8) 风能的能量密度低,空气的密度仅约为水的密度的 1/800,因此,同样单机容量下,风力发电设备的体积大、造价高,单机最大容量也受到限制。

(9) 风力发电机组运转时发出噪声及金属叶片对电视机与收音机的信号接收会造成干扰,对环境有一定影响。

2. 太阳能发电

太阳能是可再生能源,它资源丰富、遍地都有,既可免费使用,又无需开采和运输,还是清洁而无任何污染的能源。

太阳能由于可以转换成多种其他形式的能量,其应用的范围非常广泛,其中太阳能发电就是太阳能利用的一种主要形式。

将吸收的太阳辐射热能转换成电能的发电技术称太阳能热发电技术,它包括两大类型:

一是太阳热能间接发电,就是利用光—热—电转换,即通常所说的太阳能热发电。

二是利用太阳热能直接发电,也就是光伏发电。

光伏发电是根据光生伏打效应原理,利用太阳能电池(光伏电池)将太阳能直接转化成电能。

太阳能电池(光伏电池)发电系统一般由太阳能电池方阵、防反充二极管、储能蓄电池、充电控制器、逆变器等设备组成。

光伏发电具有安全可靠、无噪声、无污染、制约少、故障率低、维护简便等优点,在包括西藏在内的我国西部广袤严寒、地形多样的农牧民居住地区,发展太阳能光伏发电有着得天独厚的条件和非常现实的意义。

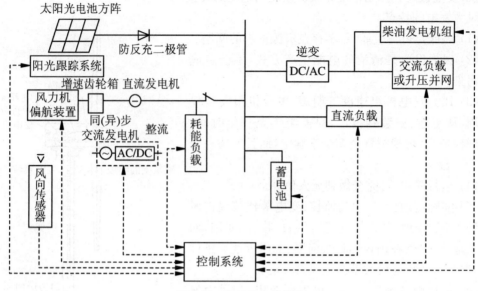

图 7-48　光伏发电方框图

本 章 小 结

（1）大小和方向随时间作周期性变化的电动势、电压和电流分别称为交变电动势、交变电压和交变电流,统称为交流电。在交流电作用下的电路称为交流电路。常用的交流电是随时间作正弦规律变化的,称为正弦交流电,它是一种最简单而又最基本的交流电。

（2）描述交流电的物理量有:瞬时值、最大值、有效值、周期、频率、角频率、相位和初相等。其中有效值（或最大值）、频率（或周期、角频率）、初相称为正弦交流电的三要素。

（3）正弦交流电的表示法有:解析式、波形图和相量图。

（4）正弦交流的电动势、电压和电流的瞬时值的解析式为

$$e = E_m \sin(\omega t + \phi_0)$$
$$i = I_m \sin(\omega t + \phi_0)$$
$$u = U_m \sin(\omega t + \phi_0)$$

（5）交流电的有效值和最大值之间的关系为

$$E = \frac{E_m}{\sqrt{2}} = 0.707 E_m$$

$$U = \frac{U_m}{\sqrt{2}} = 0.707 U_m$$

$$I = \frac{I_m}{\sqrt{2}} = 0.707 I_m$$

（6）正弦交流电的角频率、频率和周期之间的关系为 $\dfrac{1}{15750} = \dfrac{2\pi}{T} = 2\pi f$。

（7）两个交流电的相位之差叫做相位差。如果它们的频率相同，相位差就等于初相之差，即 $\phi = (\omega t + \phi_{01}) - (\omega t + \phi_{02}) = \phi_{01} - \phi_{02}$，相位差确立了两个正弦量之间的相位关系，一般的相位关系是超前、滞后；特殊的相位关系有同相、反相和正交。

（8）交流电路中，电阻是耗能元件，电感、电容是储能元件。这些元件的电压、电流关系是分析交流电路的基础，其关系如表 7-2 所示。

表 7-2　三种电路的比较

电路形式 项目		纯电阻电路	纯电感电路	纯电容电路
对电流的阻碍作用		电阻 R	感抗 $X_L = \omega L$	容抗 $X_C = 1/\omega C$
电流和电压 的关系	大小	$I = \dfrac{U}{R}$	$I = \dfrac{U}{X_L}$	$I = \dfrac{U}{X_C}$
	相位	电流电压同相位	电压超前电流 90°	电压滞后电流 90°
有功功率		$P = U_R I = R I^2$	0	0
无功功率		0	$Q_L = U_L I = X_L I^2$	$Q_C = U_C I = X_C I^2$

（9）串联电路中的电压、电流和功率关系如表 7-3 所示。

表 7-3　串联电路的电压、电流和功率关系

电路形式 项目		RL 串联电路	RC 串联电路	RLC 串联电路
阻　抗		$\lvert Z \rvert = \sqrt{R^2 + X_L^2}$	$\lvert Z \rvert = \sqrt{R^2 + X_C^2}$	$\lvert Z \rvert = \sqrt{R^2 + (X_L - X_C)^2}$
电流和电压 间的关系	大小	$I = \dfrac{U}{\lvert Z \rvert}$	$I = \dfrac{U}{\lvert Z \rvert}$	$I = \dfrac{U}{\lvert Z \rvert}$
	相位	电压超前电流 ϕ $\tan\phi = \dfrac{X_L}{R}$	电压滞后电流 ϕ $\tan\phi = -\dfrac{X_C}{R}$	$\tan\phi = \dfrac{X_L - X_C}{R}$ $X_L > X_C$，电压超前电流 ϕ $X_L < X_C$，电压滞后电流 ϕ $X_L = X_C$，电压电流同相位
有功功率		$P = U_R I = UI\cos\phi$	$P = U_R I = UI\cos\phi$	$P = U_R I = UI\cos\phi$
无功功率		$Q = U_L I = UI\sin\phi$	$Q = U_C I = UI\sin\phi$	$Q = (U_L - U_C)I = UI\sin\phi$
视在功率		$S = UI$		

（10）在 RLC 串联电路中，当 $X_L = X_C$，电压电流同相位，电路呈电阻性，即串联谐振。

（11）电路的有功功率与视在功率比值称为电路的功率因数，即 $\lambda = \dfrac{P}{S}$。为提高发电设备的利用率，减少电能损失，提高经济效益，必须提高电路的功率因数。提高功率因数的方法是在电感性负载两端并联一只适当的电容器。

（12）为了了解电源、设备的工作情况，需要测量功率。功率表接线应遵循发电机端（电

源端)原则,功率表读数时要确定标度尺每一小格所代表的瓦特数。

(13) 电能的测量是最普遍的电工测量。感应系电能表由驱动元件、转动元件、制动元件、积算机构组成。

习　题

1. 照明用交流电的电压是 220 V,动力供电线路的电压是 380 V,它们的有效值、最大值各是多大?

2. 一正弦交流电的频率是 50 Hz,有效值是 5 A,初相是 $\dfrac{\pi}{2}$,写出它的瞬时值表达式,并且画出它的波形图。

3. 已知交流电压 $u = 14.1\sin\left(100\pi t + \dfrac{\pi}{6}\right)$ V,求:(1) 交流电压的有效值、初相位;(2) $t = 0.1$ s 时,交流电压的瞬时值。

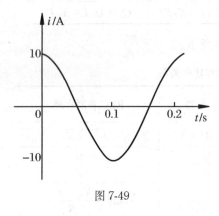

图 7-49

4. 已知交流电流 $i = 10\sin\left(314t + \dfrac{\pi}{4}\right)$ A。求:交流电流的有效值、初相和频率,并画出它的波形图。

5. 图 7-49 是一个按正弦规律变化的交流电的波形图,根据波形图求出它的周期、频率、角频率、初相和有效值,并写出它的解析式。

6. 求交流电压 $u_1 = U_m\sin \omega t$ 和 $u_2 = \sin(\omega t + 90°)$ 之间的相位差,并画出它们的波形图和相量图。

7. 已知交流电压 $u_1 = 220\sqrt{2}\,\sin\left(100\pi t + \dfrac{\pi}{6}\right)$ V,

$$u_2 = 380\sqrt{2}\,\sin\left(100\pi t + \dfrac{\pi}{3}\right) \text{V,求各交流电压的最大}$$

值、有效值、角频率、频率、周期、初相和它们之间的相位差,指出它们之间的"超前"或"滞后"关系,并画出它们的相量图。

8. 已知两个同频率的正弦交流电,它们的频率是 50 Hz,电压的有效值分别为 12 V 和 6 V,而且前者超前后者 $\dfrac{\pi}{2}$ 的相位角,试写出它们的电压瞬时值表达式,并在同一坐标系中画出它们的波形图,作出相量图。

9. 图 7-50 所示的相量图中,已知 $U = 220$ V, $I_1 = 10$ A, $I_2 = 5\sqrt{2}$ A,写出它们的解析式。

10. 一个 1 000 Ω 的纯电阻负载,接到 $u = 311\sin(314t + 30°)$ V 的电源上,求负载中电流瞬时值表达式,并画出电压和电流的相量图。

11. 一个线圈的电阻只有几欧,自感系数为 0.6 H,把线圈接在 50 Hz 的交流电路中,它的感抗是多大? 从感抗和电阻的大小来说明为什么粗略计算时,可以略去电阻的作用而认为它是一个纯电感电路。

12. 一线圈的自感系数为 0.5 H,电阻可以忽略,把它接在频率为 50 Hz、电压为 220 V 的交流电源上,求通过线圈的电流。若以电压作为参考相量,写出电流瞬时值的表达式,并画出电压和电流的相量图。

13. 有一线圈,其电阻可忽略不计,把它接在 220 V,50 Hz 的交流电源上,测得通过线圈的电流为 2 A,求线圈的自感系数。

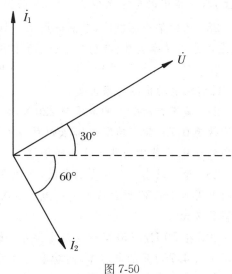

图 7-50

14. 试计算电容是 100 pF 的电容器,对频率是 10^6 Hz 的高频电流和频率是 10^3 Hz 的音频电流的容抗各是多少?

15. 把电容为 5 μF 的电容器接到 220 V、50 Hz 的交流电源上,通过电容器的电流是多大? 把电容器换为 0.05 μF 时,通过的电流是多大?

16. 已知加在 2 μF 的电容器上的交流电压为 $u = 220\sqrt{2}\sin 314t$ V,求通过电容器的电流,写出电流瞬时值的表达式,并画出电流、电压的相量图。

17. 在一个 RLC 串联电路中,已知电阻为 8 Ω,感抗为 10 Ω,容抗 4 Ω,电路的端电压为 220 V。求电路中的总阻抗、电流、各元件两端的电压以及电流和端电压的相位关系,并画出电压、电流的相量图。

18. 日光灯电路可以看成是一个 RL 串联电路,若已知灯管电阻为 300 Ω,镇流器感抗为 520 Ω,电源电压为 220 V。(1) 画出电流、电压的相量图;(2) 求电路中的电流;(3) 求灯管两端和镇流器两端的电压;(4) 求电流和端电压的相位差。

19. 一个电感线圈接到电压为 120 V 的直流电源上,测得电流为 20 A;接到频率为 50 Hz、电压为 220 V 的交流电源上,测得电流为 28.2 A,求线圈的电阻和电感。

20. 交流接触器电感线圈的电阻为 220 Ω,电感为 10 H,接到频率为 50 Hz、电压为 220 V 的交流电源上,问线圈中电流多大? 如果不小心将此接触器接到 220 V 的直流电源上,问线圈中电流又将多大? 若线圈允许通过的电流为 0.1 A,会出现什么后果?

21. 为了使一个 36 V、0.3 A 的灯泡接在 220 V、50 Hz 的交流电源上能正常工作,可以串上一个电容器限流,问应串联多大的电容才能达到目的?

22. 收音机的输入调谐回路为 RLC 串联谐振电路,当电容 150 pF,电感为 250 μH,电阻为 20 Ω 时,求谐振频率和品质因数。

23. 在一个 RLC 串联谐振电路中,已知信号源电压为 1 V,频率为 1 MHz,现调节电容器使回路达到谐振,这时回路电流为 100 mA,电容器两端电压为 100 V,求电路元件参数 R、L、C 和回路的品质因数。

24. 在 RLC 并联电路中,已知电阻为 10 Ω,感抗为 8 Ω,容抗为 15 Ω,接在 120 V 的交流电上,求电路中的总电流和总阻抗,并画出电流和电压的相量图。

25. 已知某交流电路,电源电压 $u = 100\sqrt{2}\sin\omega t$ V,电路中的电流 $i = \sqrt{2}\sin(\omega t - 60°)$ A,求电路的功率因数、有功功率、无功功率和视在功率。

26. 有一电动机,其输入功率为 1.21 kW,接在 220 V 的交流电源上,通入电动机的电流为 11 A,求电动机的功率因数。

27. 某变电所输出的电压为 220 V,额定视在功率为 220 kW。如果给电压为 220 V 功率因数为 0.75、额定功率为 33 kW 的单位供电,问能供给几个这样的单位? 若把功率因数提高到 0.9,又能供给几个这样的单位?

28. 为了求出一个线圈的参数,在线圈两端接上频率为 50 Hz 的交流电源,测得线圈两端的电压为 150 V,通过线圈的电流为 3 A,线圈消耗的功率为 360 W,问此线圈的电感和电阻各是多大?

29. 在 50 Hz,220 V 的交流电路中,接 40 W 的日光灯一盏,测得功率因数为 0.5,现若并联一只 4.75 μF 的电容器,问功率因数可提高到多少?

30. 感应系电能表由哪几部分组成? 各部分的作用如何?

31. 有一电能表,电能表常数为 2 000 r/(kW·h),月初读数为 308 kW·h,月底读数为 529 kW·h,如果电价为 0.56 元/kW·h,求这个月的电费和电能表的转数各为多少?

第8章 三相正弦交流电路

三相正弦交流电路是在单相正弦交流电路的基础上建立的,两者有密切的联系。电能的生产、输送和分配几乎全部采用三相制。为此,首先应了解三相制的优点和应用概况,充分认识到三相交流电在生产实际中的重要性。

本章从三相交流发电机的原理出发,介绍三相交流电动势的产生和特点,并着重讨论负载在三相电路中的连接问题。

【知识目标】

1. 了解三相交流电源的产生和特点;

2. 理解并识记三相四线制电源的线电压和相电压的关系;

3. 理解并识记三相对称负载星形连接和三角形连接时,负载相电压和线电压、负载相电流和线电流的关系。

【技能目标】

1. 会分析计算对称三相电路电压、电流和功率,并理解中性线的作用;

2. 在已知电源电压和负载额定电压的条件下,会确定三相负载的连接方式;

3. 会测量三相正弦交流电路的相电压、线电压及功率。

8.1 三相交流电源

三相交流电路在工农业生产上应用极为广泛。目前,电能的生产、输送和分配,几乎全部采用三相制。所谓三相交流电路,是指由三个单相交流电源按一定方式组成的电路系统。在这三个单相电路中,各有一个正弦交流电动势供电。这三个电动势的最大值相等、频率相同,相位互差120°,这样的三个电动势就称为三相对称电动势。我们把组成三相电路的每一个单相电路称为一相。

8.1.1 三相交流电动势的产生

三相交流电动势是由三相交流发电机产生的。图8-1(a)是一台最简单的三相交流发电机的示意图。它由定子和转子组成。转子是电磁铁,提供发电所需要的磁场,发电机的定子铁芯中安放着三个完全对称的绕组 $U_1 - U_2$,$V_1 - V_2$,$W_1 - W_2$,每个绕组称为一相,三相绕组在空间位置上彼此相隔120°。当转子以角速度 ω 逆时针方向旋转时,由于三个绕组的空间位置彼此相隔 120°，所以，它们产生的电动势最大值相等、频率相同、在相位上也彼此相差 120°。也就是第一相电动势超前第二相电动势 120°相位，第二相电动势超前第三相电动势 120°相位，第三相电动势又超前第一相电动势 120°相位。显然，三个相的电动势为三相对称电动势。

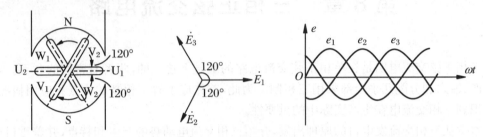

(a) 三相交流发电机示意图　　(b) 三相正弦电动势向量图　　(c) 三相正弦电动势波形图

图 8-1　三相交流发电机和三相正弦电动势

各相电动势的瞬时值表达式则为

$$e_U = E_m \sin(\omega t + 0°)$$
$$e_V = E_m \sin(\omega t - 120°)$$
$$e_W = E_m \sin(\omega t + 120°)$$

它们的相量图和波形图，如图 8-1(b)、(c)所示。

三个电动势到达最大值（或零）的先后次序叫做相序。上述的三个电动势的相序是第一相（U 相）→第二相（V 相）→第三相（W 相），这样的相序叫正相序。由相量图可知，如果把三个电动势的相量加起来，相量和为零。由波形图可知，三相对称电动势在任一瞬间的代数和也为零。即

$$\dot{E}_U + \dot{E}_V + \dot{E}_W = 0$$
$$e_U + e_V + e_W = 0$$

8.1.2　三相电源的连接

三相发电机的每一个绕组都是独立的一相电源，均可单独给负载供电，但这样供电需用

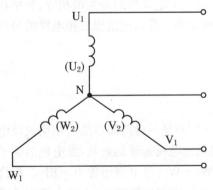

图 8-2　三相电源星形连接

六根导线。实际上，三相电源是按照一定的方式连接之后，再向负载供电的，通常采用星形连接方式。将发电机三相绕组的末端 U_2、V_2、W_2 连接在一点，始端 U_1、V_1、W_1 分别与负载相连，这种连接方法就叫做星形连接，如图 8-2 所示。图中三个末端相连接的点称为中性点或零点，用字母"N"表示，从中性点引出的一根线叫做中性线或零线。从始端 U_1、V_1、W_1 引出的三根线叫做端线或相线，因为它与中性线之间有一定的电压，所以，俗称火线。U、V、W 三根相线分别用黄、绿、红三种颜色做色标，中性线 N 用

浅蓝色做色标。

　　由三根相线和一根中性线所组成的输电方式称为三相四线制（如图 8-2 所示），通常在低压配电中采用；在用电中，为了防止用电设备漏电而导致触电事故，往往还需要由电源中性线接地点再引出一根保护接地线，将用电设备的外壳与此地线相连，这就形成了三相五线制（或者是单相三线制）。在高压输电工程中，三相电源只由三根相线输送，这样的接线方式称为三相三线制。

　　每相绕组始端与末端之间的电压（即相线和中性线之间的电压）叫做相电压，它的瞬时值用 u_U、u_V、u_W 来表示，通用符号用 U_P 表示。因为三个电动势的最大值相等，频率相同，彼此相位差均为 120°，所以，三个相电压的最大值也相等，频率也相同，相互之间的相位差也均是 120°，即三个相电压是对称的。

　　任意两根相线之间的电压叫线电压，它的瞬时值用 u_{UV}、u_{VW}、u_{WU} 来表示，通用符号用 u_L 表示。下面来分析线电压和相电压之间的关系。

　　首先规定电压的方向。相电压的方向从绕组的始端指向末端。线电压的方向按三相电源的相序来确定。如 u_{UV} 就是从 U 端指向 V 端，u_{VW} 就是从 V 端指向 W 端，u_{WU} 就是从 W 端指向 U 端。由图 8-3 可得

$$u_{UV} = u_U - u_V$$
$$u_{VW} = u_V - u_W$$
$$u_{WU} = u_W - u_U$$

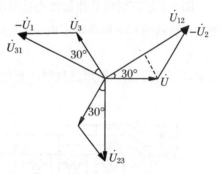

图 8-3　线电压与相电压向量图

　　由此可作出线电压和相电压的相量图，如图 8-3 所示。从图中可以看出：各线电压在相位上比各对应的相电压超前 30°。又因为相电压是对称的，所以，线电压也是对称的，即各线电压之间的相位差也都是 120°。

　　从相量图中还可以看出，U_1、$-U_2$ 和 U_{12} 构成一个等腰三角形，它的顶角是 120°，两底角是 30°，从这个等腰三角形的顶点作一垂线到底边，把 U_{UV} 分成相等的两段，得到两个相等的直角三角形，于是可得出线电压和相电压的大小关系（有效值）的表示式为

$$U_L = \sqrt{3} U_P$$

　　可见，当发电机绕组作星形连接时，三个相电压和三个线电压均为三相对称电压，各线电压的有效值为相电压有效值的 $\sqrt{3}$ 倍，而且各线电压在相位上比各对应的相电压超前 30°。

　　通常所说的 380 V、220 V 电压，就是指电源作星形连接时的线电压和相电压的有效值。

8.2　三相负载的连接

　　用电器又称为负载。按负载对电源的要求，又分为单相负载和三相负载。单相负载是指只需单相电源供电的用电设备，如电灯、电炉、电吹风、电饭煲、洗衣机、电视机等。三相负

载是指需要三相电源供电的用电设备,如三相异步电动机、大功率电炉等。在三相负载中,如果每相负载的电阻相等、电抗相等,这样的负载称为三相对称负载。

因为使用任何电气设备,都要求负载所承受的电压等于它的额定电压,所以,负载要采用一定的连接方法来满足负载对电压的要求。在三相电路中,负载的连接方法有两种:星形连接和三角形连接。

8.2.1 负载的星形连接

图 8-4 所示是三相四线制电路,其线电压为 380 V,相电压为 220 V。负载如何连接,应视其额定电压而定。通常单相负载的额定电压是 220 V,要接在相线和中性线之间,使单相负载获得电源的相电压。电灯这种负载是大量使用的,不能集中在一相电路中,应把它们平均地分配在各相电路之中,使各相负载尽量平衡,电灯的这种接法称为负载的星形连接。

图 8-5 是三相负载作星形连接时的电路图。从图上可看出,若略去输电线上的电压降,则各相负载的相电压就等于电源的相电压。因此,电源的线电压为负载相电压的 $\sqrt{3}$ 倍,即

$$U_L = \sqrt{3} U_{YP}$$

式中,U_{YP} 表示负载星形连接时的相电压。

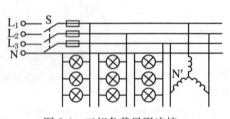

图 8-4　三相负载星形连接

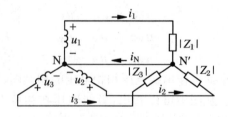

图 8-5　三相负载做星形连接

三相电路中,流过每根相线的电流叫线电流,即 I_U, I_V, I_W,一般用 I_L 表示,其方向规定由电源流向负载;而流过每相负载的电流叫相电流,一般以 I_{YP} 表示,其方向与相电压方向一致;流过中性线的电流叫中线电流,以 I_N 表示,其方向规定为由负载中性点 N′ 流向电源中心点 N。显然,在星形连接中,线电流等于相电流,即

$$I_{YL} = I_{YP}$$

若三相负载对称,即 $|Z_1| = |Z_2| = |Z_3| = |Z_P|$,因各相电压对称,所以各负载中的相电流大小相等,即

$$I_U = I_V = I_W = I_{YP} = \frac{U_{YP}}{|Z_P|}$$

同时,由于各相电流与各相电压的相位差相等,有

$$\phi_U = \phi_V = \phi_W = \phi_P = \arccos \frac{R}{|Z_P|}$$

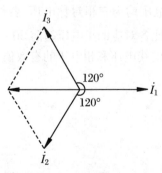

图 8-6　三相对称量求向量和

所以,三个相电流的相位差也互为 120°。从相量图上很容易得出:三个相电流的相量和为零,如图 8-6 所示,即

$$i_U + i_V + i_W = 0$$

或

$$i_U + i_V + i_W = 0$$

由基尔霍夫第一定律可得

$$i_N = i_U + i_V + i_W$$

所以,三相对称负载作星形连接时,中线电流为零。中线上没有电流流过,故可省去中线,此时并不影响三相电路的工作,各相负载的相电压仍为对称的电源相电压,这样三相四线制就变成了三相三线制。

当三相负载不对称时,各相电流的大小就不相等,相位差也不一定是120°,因此,中线电流就不为零,此时中线绝不可断开。因为当有中线存在时,它能使作星形连接的各相负载,即使在不对称的情况下,也均有对称的电源相电压供电,从而保证了各相负载能正常工作;如果中线断开,各相负载的电压就不再等于电源的相电压,这时,阻抗较小的负载的相电压可能低于其额定电压,阻抗较大的负载的相电压可能高于其额定电压,使负载不能正常工作,甚至会造成严重事故。所以,在三相四线制中,规定中线上不准安装熔丝和开关,有时中线还采用钢芯导线来加强其机械强度,以免断开。另一方面,在连接三相负载时,应尽量使其平衡,以减小中线电流。

【例1】　如图8-7所示的负载为星形连接的对称三相电路,电源线电压为380 V,每相负载的电阻为8 Ω,电抗为6 Ω。

求:(1) 在正常情况下,每相负载的相电压和相电流;

(2) 第三相负载短路时,其余两相负载的相电压和相电流;

(3) 第三相负载断路时,其余两相负载的相电压和相电流。

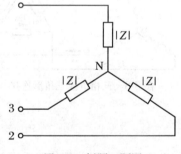

图 8-7　例题 1 题图

解　(1) 在正常情况下,由于三相负载对称,中线电流为零,故省去中线,并不影响三相电路的工作,所以,各相负载的相电压仍为对称的电源相电压,即

$$U_U = U_V = U_W = U_{YP} = U_P = \frac{U_L}{\sqrt{3}} = \frac{380}{\sqrt{3}} \text{ V} = 220 \text{ V}$$

每相负载的阻抗为

$$|Z_P| = \sqrt{R^2 + X^2} = \sqrt{8^2 + 6^2} \ \Omega = 10 \ \Omega$$

所以,每相负载的相电流为

$$I_{YP} = \frac{U_{YP}}{|Z_P|} = \frac{220}{10} \text{ A} = 22 \text{ A}$$

(2) 第三相负载短路时,线电压通过短路线直接加在第一相和第二相的负载两端,所以,这两相的相电压等于电源线电压,即

$$U_1 = U_2 = U_L = 380 \text{ V}$$

从而求出相电流为

$$I_\mathrm{U} = I_\mathrm{V} = \frac{U_P}{|Z_P|} = \frac{380}{10}\,\mathrm{A} = 38\,\mathrm{A}$$

（3）第三相负载断路时，第一、二两相负载串联后接在线电压上，由于两相阻抗相等，所以，相电压为线电压的一半，即

$$U_\mathrm{U} = U_\mathrm{V} = \frac{380}{2}\,\mathrm{V} = 190\,\mathrm{V}$$

于是得到这两相的相电流为

$$I_\mathrm{U} = I_\mathrm{V} = \frac{U_P}{|Z_P|} = \frac{190}{10}\,\mathrm{A} = 19\,\mathrm{A}$$

8.2.2　负载的三角形连接

将三相负载分别接在三相电源的两根相线之间的接法，称为三相负载的三角形连接，如图 8-8 所示。这时，不论负载是否对称，各相负载所承受的电压均为对称的电源线电压，即 $U_{\Delta P} = U_L$。

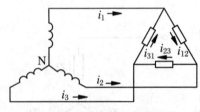

图 8-8　三相负载三角形连接

从图 8-8 中可以看出，三相负载做三角形连接时，相电流与线电流是不一样的。

对于这种电路的每一相，可以按照单相交流电路的方法来计算相电流。若三相负载对称，则各相电流的大小相等，其值为 $I_{\Delta P} = \dfrac{U_{\Delta P}}{|Z_P|}$。

同时，各相电流与各相电压的相位差也相同

$$\phi_\mathrm{U} = \phi_\mathrm{V} = \phi_\mathrm{W} = \phi_P = \arccos\frac{R_P}{|Z_P|}$$

所以，三个相电流的相位差也互为 $120°$，各相电流的方向与该相的相电压方向一致。

根据基尔霍夫第一定律可得

$$i_1 = i_{12} - i_{31}$$

由此可作出线电流和相电流的相量图，如图 8-9 所示。从图中可以看出：各线电流在相位上比各相应的相电流滞后 $30°$。又因为相电流是对称的，所以，线电流也是对称的，即各线电流之间的相位差也都是 $120°$。

从相量图中还可得到线电流和相电流的大小关系（其方法与第一节中对线电压和相电压的分析相同），即

$$I_1 = 2I_{12}\cos30° = 2I_{12}\frac{\sqrt{3}}{2} = \sqrt{3}\,I_{12}$$

则

$$I_{\Delta L} = \sqrt{3}\,I_{\Delta P}$$

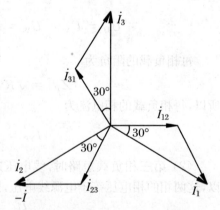

图 8-9　线电流、相电流向量图

上式说明，对称三相负载成三角形连接时，线电流的有效值为相电流有效值的 $\sqrt{3}$ 倍，而且各线电流在相位上比各相应的相电流滞后 30°。

综上所述，三相负载既可以成星形连接，也可以成三角形连接。具体如何连接，应根据负载的额定电压和电源电压的数值而定，务必使每相负载所承受的电压等于其额定电压。例如，对线电压为 380 V 的三相电源来说，当每相负载的额定电压为 220 V 时，负载应连接成星形；当每相负载的额定电压为 380 V 时，则应连接成三角形。

【例 2】　大功率三相电动机启动时，由于启动电流较大而采用降压启动，其方法之一是启动时将三相绕组接成星形，而在正常运行时改接为三角形。试比较当绕组星形连接和三角形连接时相电流的比值及线电流的比值。

解　当绕组按星形连接时，

$$U_{YP} = \frac{U_L}{\sqrt{3}}$$

$$I_{YL} = I_{YP} = \frac{U_{YP}}{|Z|} = \frac{U_L}{\sqrt{3}\,|Z|}$$

当绕组按三角形连接时，

$$U_{\Delta P} = U_L$$

$$I_{\Delta P} = \frac{U_{\Delta P}}{|Z|} = \frac{U_L}{|Z|}$$

$$I_{\Delta L} = \sqrt{3}\,I_{\Delta P} = \frac{\sqrt{3}\,U_L}{|Z|}$$

所以，两种连接法相电流的比值为

$$\frac{I_{YP}}{I_{\Delta P}} = \frac{U_L/(\sqrt{3}\,|Z|)}{U_L/|Z|} = \frac{1}{\sqrt{3}}$$

线电流的比值为

$$\frac{I_{YL}}{I_{\Delta L}} = \frac{U_L/(\sqrt{3}\,|Z|)}{\sqrt{3}\,U_L/|Z|} = \frac{1}{3}$$

由此可见，三相电动机用星形/三角形（Y/△）降压启动时的线电流仅是采用三角形连接启动时的线电流的三分之一。

8.3　三相电路的功率

三相电路的功率等于各相功率的总和，即

$$P = P_1 + P_2 + P_3$$
$$Q = Q_1 + Q_2 + Q_3$$
$$S = S_1 + S_2 + S_3$$

当三相负载对称时,各相功率相等,则总功率为单相功率的二倍,即

$$P = 3P_P = 3U_P I_P \cos\phi_P$$

$$Q = 3Q_P = 3U_P I_P \sin\phi_P$$

$$S = 3S_P = 3U_P I_P$$

在一般情况下,相电压和相电流是不容易测量的,例如,三相电动机绕组接成三角形时,要测量它的电流就必须把绕组端部拆开,这将影响电动机的正常工作。因此,通常是通过线电压和线电流来计算三相电路的功率的。

当负载星形连接时有

$$U_{YP} = \frac{U_L}{\sqrt{3}}, \quad I_{YP} = I_{YL}$$

所以

$$P_Y = 3U_{YP} I_{YP} \cos\phi_P = 3 \frac{U_L}{\sqrt{3}} I_{YL} \cos\phi_P = \sqrt{3} U_L I_{YL} \cos\phi_P$$

当负载三角形连接时有

$$U_{\triangle P} = U_L, \quad I_{\triangle P} = \frac{I_{\triangle L}}{\sqrt{3}}$$

$$P_\triangle = 3U_{\triangle P} I_{\triangle P} \cos\phi_P = 3U_L \frac{I_{\triangle L}}{\sqrt{3}} \cos\phi_P = \sqrt{3} U_L I_{\triangle L} \cos\phi_P$$

因此,三相对称负载不论作星形或三角形连接,总的有功功率的公式可统一写成

$$P = \sqrt{3} U_L I_l \cos\phi_P$$

同理,可得到三相对称负载的无功功率和视在功率的计算公式为

$$Q = \sqrt{3} U_L I_l \sin\phi_P$$

$$S = \sqrt{3} U_L I_l$$

必须指出,上面的公式虽然对星形和三角形连接的负载都适用,但决不能认为在线电压相同的情况下,将负载由星形连接改成三角形连接时,它们所耗用的功率相等。为了说明这个问题,请看下面的例子。

【例题】 有一对称三相负载,每相的电阻为 $6\,\Omega$,电抗为 $8\,\Omega$,电源线电压为 $380\,\text{V}$,试计算负载星形连接和三角形连接时的有功功率。

解 每相负载的阻抗为

$$|Z| = \sqrt{R^2 + X^2} = \sqrt{6^2 + 8^2}\,\Omega = 10\,\Omega$$

(1) 星形连接时

$$U_{YP} = \frac{U_L}{\sqrt{3}} = \frac{380}{\sqrt{3}}\,\text{V} \approx 220\,\text{V}$$

$$I_{YL} = I_{YP} = \frac{U_{YP}}{|Z|} = \frac{220}{10}\,\text{A} = 22\,\text{A}$$

$$\cos\phi_P = \frac{R}{|Z|} = \frac{6}{10} = 0.6$$

所以,有功功率为

$$P_Y = \sqrt{3}\, U_L I_L \cos\phi_P = \sqrt{3} \times 380 \times 22 \times 0.6 \text{ W} \approx 8.7 \text{ kW}$$

(2) 三角形连接时

$$U_{\Delta P} = U_L = 380 \text{ V}$$

$$I_{\Delta P} = \frac{U_{\Delta P}}{|Z|} = \frac{380}{10} \text{ A} = 38 \text{ A}$$

$$I_{\Delta L} = \sqrt{3}\, I_{\Delta P} = \sqrt{3} \times 38 \text{ A} \approx 66 \text{ A}$$

负载的功率因数不变,所以有功功率为

$$P_\Delta = \sqrt{3}\, U_L I_L \cos\phi_P = \sqrt{3} \times 380 \times 66 \times 0.6 \text{ W} \approx 26 \text{ kW}$$

由上面的计算可见,在相同的线电压下,负载作三角形连接的有功功率是星形连接的有功功率的三倍。这是因为三角形连接时的线电流是星形连接时的线电流的三倍。对于无功功率和视在功率也有同样的结论。

阅读与应用

电力系统简介

1. 发电

把其他形式的能量转换成电能的场所,称为发电站或发电厂。根据发电所用能源种类,发电厂可分为水力、火力、风力、核能、太阳能、沼气等几种。现在世界各国建造得最多的,主要是水力发电厂和火力发电厂。近几十年来,核电站也发展很快。

各种发电厂中的发电机几乎都是三相交流发电机。我国生产的交流发电机的电压等级有 0.4 kV、6.3 kV、10.5 kV、15.75 kV 等多种。

2. 输电

大中型发电厂大多建在产煤地区或水力资源丰富的地区附近,距离用电地区往往是几十千米以至几百千米以上。所以,发电厂生产的电能要用高压输电线输送到用电地区,然后再降压分配给各用户。联系发电和用电设备的输配电系统称为电力网。

现在常常将同一地区的各种发电厂联合起来而组成一个强大的电力系统,这样可以提高各发电厂的设备利用率,合理调配各发电厂的负载,以提高供电的可靠性和经济性。

为了提高输电效率并减少输电线路上的损失,通常都采用升压变压器将电压升高后再进行远距离输电。送电距离越远,要求输电线的电压也就越高。目前我国远距离输电线的额定电压有 35 kV、110 kV、220 kV、330 kV、500 kV 等。

3. 工业企业配电

由输电线末端的变电所将电能分配给各城市的工业企业。电能输送到企业后,各企业都要进行变压或配电。进行接电、变压和配电的场所称变电所。若只进行接电和配电,而不变压的场所就称配电所。高压配电线路的额定电压有 6 kV 和 10 kV 两种;低压配电线路的额定电压是 380/20 V。

熔断器

熔断器是一种简便和有效的短路保护电器。熔断器内的主要部件是熔体,有的熔体做成丝的形状,称为熔丝。熔体由熔点较低的合金制成,它串联在被保护电路中,当电路发生短路或严重过载时,熔体内因通过的电流增大而过热熔断,自动切断电路,以保护电器设备。常用的熔断器外形如图 8-10 所示。

图 8-10 常用熔断器外形图

选择熔断器时,熔断器的额定电压应大于或等于线路的额定电压,熔断器的额定电流应大于或等于熔体的额定电流。熔体的额定电流则根据不同的负载及负载电流的大小来选定。对电阻性电路(如照明、电热等电路),熔体额定电流应等于或稍大于负载的额定电流;对于保护单台电动机的电路,熔体的额定电流应等于或大于电动机额定电流的 1.5~2.5 倍;对保护多台电动机的电路,熔体额定电流应等于或大于最大一台电动机额定电流的 1.5~2.5 倍和其余电动机额定电流之和。

熔体中的电流越大,熔体熔断的速度也就越快。通常熔体中的电流为其额定电流的 1.6 倍时,熔体在 1 h 以内熔断;通过熔体的电流达到额定电流的 2 倍时,熔体约在 30 s 熔断。由此可见,熔断器对过载保护不很灵敏,仅在短路和严重过载时作用较显著。

本 章 小 结

(1) 由三相电源供电的电路为三相交流电路。如果三相交流电源的最大值相等、频率相同、相位互差 120°,则称为三相对称电源,其线电压与相电压的关系为 $U_L = \sqrt{3} U_P$。

实际的三相发电机提供的都是对称三相电源。

(2) 三相负载的连接方式有两种:星形连接和三角形连接。对于任何一个电气设备,都要求每相负载所承受的电压等于它的额定电压。所以,当负载的额定电压为三相电源的线

电压的 $\dfrac{1}{\sqrt{3}}$ 时,负载应采用星形连接;当负载的额定电压等于三相电源的线电压时,负载应采用三角形连接。

(3) 当三相负载对称时,则不论它是星形连接,还是三角形连接,负载的三相电流、电压均对称,所以,三相电路的计算可归结为单相电路的计算,即

$$I_P = \frac{U_P}{|Z|}, \quad \phi_P = \arctan\frac{X}{R}$$

而线电压与相电压、线电流与相电流之间的关系可见表 8-1。

表 8-1　线电压与相电压、线电流与相电流的关系

连接方法 项目	星形连接	三角形连接
线电压与相电压的关系	$U_L = \sqrt{3}U_P$, U_L 在相位上超前对应的 U_P 30°	$U_L = U_P$
线电流与相电流的关系	$I_L = I_P$	$I_L = \sqrt{3}I_P$, I_L 在相位上超前对应的 I_P 30°

(4) 在负载作星形连接时,若三相负载对称,则中性线电流为零,可采用三相三线制供电;若三相负载不对称,则中性线电流不等于零,只能采用三相四线制供电。这时要特别注意中性线上不能安装开关和保险丝。如果中性线断开,将造成各相负载两端电压不对称,负载不能正常工作,甚至产生严重事故。同时在连接三相负载时,应尽量使其对称以减小中性线电流。

(5) 三相对称电路的功率为

$$P = 3U_P I_P \cos\phi_P = \sqrt{3}U_L I_L \cos\phi_P$$

式中,每相负载的功率因数为

$$\cos\phi_P = \frac{R}{|Z|}$$

在相同的线电压下,负载作三角形连接的有功功率是星形连接的有功功率的三倍,这是因为三角形连接时的线电流是星形连接时的线电流的三倍。对于无功功率和视在功率也有同样的结论。

习　　题

1. 已知某三相电源的相电压是 6 kV,如果绕组接成星形,它的线电压是多大? 如果已知 $u_1 = U_m \sin\omega t$ kV,写出所有的相电压和线电压的解析式。

2. 三相对称负载作星形连接,接入三相四线制对称电源,电源线电压为 380 V,每相负载的电阻为 60 Ω,感抗为 80 Ω,求负载的相电压、相电流和线电流。

3. 在图 8-11 所示的三相四线制供电线路中,已知线电压是 380 V,每相负载的阻抗是

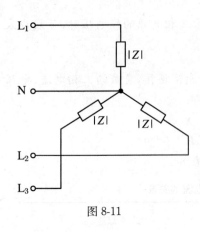

图 8-11

$22\ \Omega$,求：

(1) 负载两端的相电压、相电流和线电流；

(2) 当中性线断开时,负载两端的相电压、相电流和线电流；

(3) 当中性线断开而且第一相短路时,负载两端的相电压和相电流。

4. 作三角形连接的对称负载,接于三相三线制的对称电源上。已知电源的线电压为 380 V,每相负载的电阻为 60 Ω,感抗为 80 Ω,求相电流和线电流。

5. 对称三相负载在线电压为 220 V 的三相电源作用下,通过的线电流为 20.8 A,输入负载的功率为 5.5 kW,求负载的功率因数。

6. 有一三相电动机,每相绕组的电阻是 30 Ω,感抗是 40 Ω,绕组连成星形,接于线电压为 380 V 的三相电源上,求电动机消耗的功率。

7. 三相电动机的绕组接成三角形,电源的线电压是 380 V,负载的功率因数是 0.8,电动机消耗的功率是 10 kW,求线电流和相电流。

8. 某幢大楼均用日光灯照明,所有负载对称地接在三相电源上,每相负载的电阻是 6 Ω,感抗是 8 Ω,相电压是 220 V,求负载的功率因数和所有负载消耗的有功功率。

9. 一台三相电动机的绕组接成星形,接在线电压为 380 V 的三相电源上,负载的功率因数是 0.8,消耗的功率是 10 kW,求相电流和每相的阻抗。

10. 有一三相负载的有功功率为 20 kW,无功功率为 15 kW,求该负载的功率因数。

第9章　电路仿真

EWB 是一个小巧 EDA 软件。主要用于电工电子教学中,作为电工、电子课程的课堂教学、实验以及课程设计的辅助工具。运用 EWB 软件,可把教学内容由抽象变为生动,为实践教学提供效果良好的平台,为电工电子课程仿真设计提供方便。

【知识目标】

1. 了解 EWB 仿真软件;

2. 利用 EWB 软件构建电路。

【技能目标】

1. 用 EWB 仿真软件验证欧姆定律;

2. 用仿真软件验证基尔霍夫定律;

3. 用仿真软件验证叠加原理;

4. 用仿真软件验证功率因数的提高;

5. 用仿真软件验证三相交流电路。

9.1　EWB 软件简介

9.1.1　EWB 概述

Electronics Work Bench(简称 EWB),中文又称电子工程师仿真工作室。该软件是加拿大交换图像技术有限公司在 20 世纪 90 年代初推出的 EDA 软件。目前应用较普遍的 EWB 软件是在 Windows95/98 环境下工作的 Electronics Work bench5.12(简称 EWB5.12),该公司近期又推出了最新电子电路设计仿真软件 EWB6.0 版本。在众多应用于计算机上的电路模拟 EDA 软件中,EWB5.12 软件就像一个方便的实验室。其仿真功能十分强大,近似 100% 地仿真出真实电路的结果。

使用 EWB 对电路进行设计和实验仿真的基本步骤是:① 用虚拟器件在工作区建立电路;② 选定元件的模式、参数值和标号;③ 连接信号源等虚拟仪器;④ 选择分析功能和参数;⑤ 激活电路进行仿真;⑥ 保存电路图和仿真结果。

9.1.2 认识 EWB

1. EWB5.12 的安装和启动

EWB5.12 版的安装文件是 EWB512.EXE。新建一个目录 EWB5.12 作为 EWB 的工作目录，将安装文件复制到工作目录，双击运行即可完成安装。安装成功后，可双击桌面图标运行 EWB(图 9.1)。

图 9-1　EWB 的图标

2. 认识 EWB 的界面

EWB 的主窗口：EWB 与其他 Windows 应用程序一样，有一个标准的工作界面，它的窗口由标题栏、菜单栏、常用工具栏、虚拟仪器、器件库图标栏、方针电源开关、工作区及滚动条等部分组成，如图 9-2 所示。

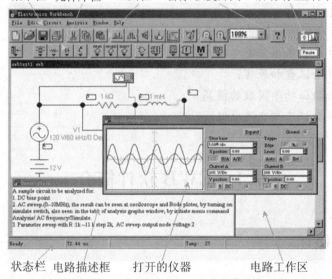

图 9-2　EWB 软件界面

元件库详细元件如表 9-1 所示。

表 9-1　元件库

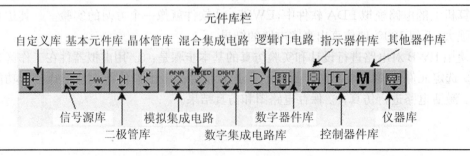

续表

（1）信号源库

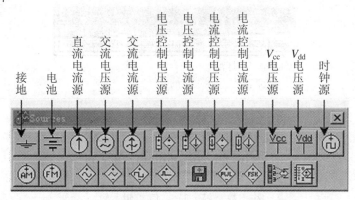

（2）基本器件库

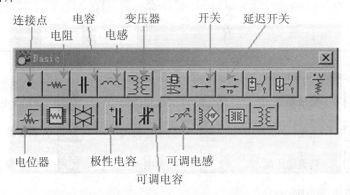

（3）二极管库

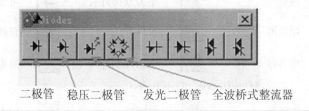

（4）模拟集成电路库

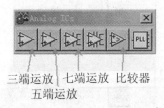

（5）指示器件库

电压表　灯泡
电流表　彩色指示灯

（6）仪器库

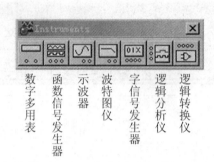

数字多用表　函数信号发生器　示波器　波特图仪　字信号发生器　逻辑分析仪　逻辑转换仪

● 电源器件库(Sources)

⏚	接地端	⊕ 交流稳压源	+15 V电源
⎓	电池	⊕ 交流稳流源	调幅源
↑	直流稳压源	+5 V电源	调频源

● 基本器件库(Basic)

•	接点	单刀双掷开关	可变电阻器
⎍	电阻器	延迟开关	有极性电容
⊣⊢	电容器	电压控制开关	继电器

● 二极管、三极管器件库(Diode、Transistors)

⊳|	二极管	整流桥	NPN三极管
	稳压二极管	单向可控硅	PNP三极管
	发光二极管	双向可控硅	

● 指示器件库(Indicators)

V	电压表	小灯泡	七段LED数码管
A	电流表	逻辑电平指示器	带译码数码管

9.2 用 EWB 软件仿真

下面用 EWB 来做一个电压、电流、电阻测量的电路仿真实验。

1. 元件的布置与调整

启动 EWB,单击电源器件库按钮,打开电源器件库,将电池器件拖放到工作区,此时电池符号为红色,处于选中状态,可用鼠标拖动改变其位置,用旋转或翻转按钮使其旋转或翻转,单击空白区可取消选择,单击元件可重新选定该元件,对已选中的元件可进行剪切、复制、删除等操作。用同样的方法在工作区再放置接地端(属电源器件)、电阻、电压表、电流表(虚拟仪器),如图 9-3 所示。

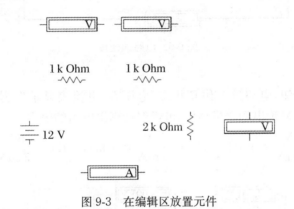

图 9-3　在编辑区放置元件

2. 设置元件属性

双击电池符号,弹出电池属性设置对话框,如图 9-4 所示,将 Value(参数值)选项卡中 Voltage(电压)项的参数改为 12 V,单击"确定"按钮,工作区中元件旁的标示随之改变,用同样的方法将电阻分别设置为 1 kΩ、1 kΩ、2 kΩ。通过器件属性设置对话框中的其他选项卡还可以改变器件的标签、显示模式,以及给器件设置故障等。

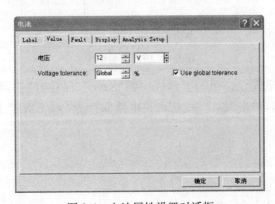

图 9-4　电池属性设置对话框

3．电路连接

把鼠标指针指向一个器件的接线端，这时会出现一个小黑点，按住鼠标左键，拖动鼠标，使光标指向另一器件的接线端，这时又出现一小黑点，放开鼠标左键，这两点就连接在一起了。照此将工作区中的器件连接成如图9-5所示的电路。

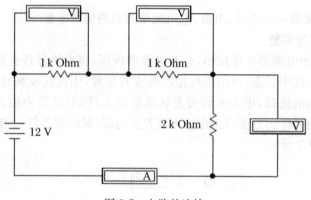

图9-5　电路的连接

4．仿真

单击仿真开关按钮，电路进入仿真状态，电压表、电流表显示出测量结果，如图9-6所示，由电压表、电流表显示出的测量结果，可近似计算出电阻的值为

$$R_1 = \frac{3\text{ V}}{3\text{ mA}} = 1\text{ k}\Omega, \quad R_2 = \frac{3\text{ V}}{3\text{ mA}} = 1\text{ k}\Omega, \quad R_3 = \frac{6\text{ V}}{3\text{ mA}} = 2\text{ k}\Omega$$

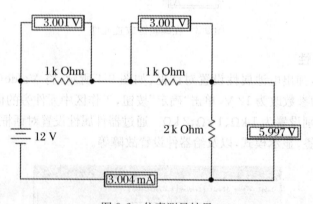

图9-6　仿真测量结果

经过验算，仿真结果成立。单击工具栏中的"Save"（保存）按钮，弹出保存文件对话框，选择路径并输入文件名，单击"确定"按钮可将电路保存为"＊.EWB"文件。

9.3　电路仿真实验

9.3.1　欧姆定律的仿真验证

在 EWB 工作界面中建立测试电路如图 9-7 所示。

（1）从电源库中拖出直流电源（修改电源参数为 6 V）⏚和接地⏚到绘图区适当位置。

（2）从基本元件库中拖出 2 个电阻 ⎓⎓ 到绘图区适当位置，并将参数改为 2 Ω、4 Ω，分别选中 2 个电阻，单击工具栏中 ▨ 按钮，将电阻变为纵向排列。

（3）再从基本元件库中拖出一个开关（可双击修改参数为任意字符，不修改由空格键【Space】控制开关的通断）。

（4）从指示器件库中拖出电流表 ⎓A⎓ 、电压表 ⎓V⎓ ，双击打开属性设置对话框，可修改表的模式为 DC（直流）或 AC（交流）。注意：电流表、电压表带黑线端为表的负极，然后将各元件连接成电路。

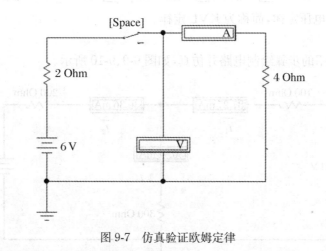

图 9-7　仿真验证欧姆定律

按下仿真按钮，接通开关，仿真结果如图 9-8 所示，记录结果，验证各电阻两端电压、电流是否符合欧姆定律。

9.3.2　基尔霍夫定律的仿真验证

1. 实验原理

（1）节点电流定律。在任一瞬时，流入任意一个节点的电流之和必定等于从该节点流出的电流值和，即

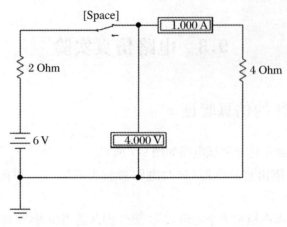

图 9-8　仿真结果图

$$\sum I_{入} = \sum I_{出} \quad \text{或} \quad \sum I = 0$$

这是基尔霍夫定律,简称为 KCL 定律。

(2) 回路电压定律。任何时刻沿任意一个回路绕行一周,各电路元件上的电压升之和等于电压降之和,即

$$\sum U_{升} = \sum U_{降} \quad \text{或} \quad \sum U = 0$$

这是基尔霍夫电压定律,简称为 KVL 定律。

2. 电路仿真

(1) 按以上介绍的步骤绘制电路并仿真,如图 9-9、9-10 所示。

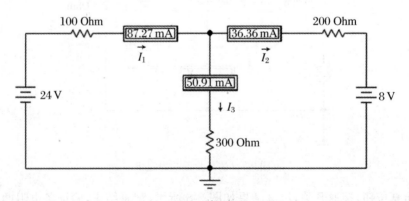

图 9-9　KCL 定律仿真验证

在图 9-9、9-10 中,我们看到电流表、电压表读数均为正,则可以直接知道电流、电压实际方向。因为电流表、电压表有黑线条的那端是负极,则不难得知实际的电流、电压方向。

把仿真结果填入实验数据记录表中,见表 9-2。

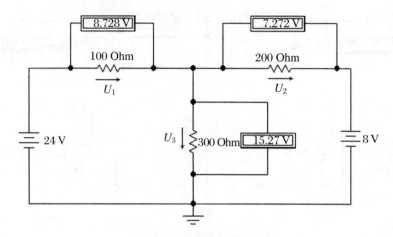

图 9-10   KVL 定律仿真验证

表 9-2   记录表

E_1 (V)	E_2 (V)	I_1 (A)	I_2 (A)	I_3 (A)	U_1 (V)	U_2 (V)	U_3 (V)
24	8						

(2) 改变电路参数,重新测量,把测量结果填入表中。

(3) 根据表格数据验证,是否满足 $\sum I = 0$,$\sum U = 0$。

9.3.3   叠加原理的仿真验证

1. 实验原理

当线性电路中有几个电源共同作用时,各支路电流(或电压)等于每个电源单独作用时在该支路产生的电流(或电压)的代数和。

说明:当某一电源单独作用时,其他电源置零(内阻保留)。电源置零,即把电压源短接,电流源开路。

2. 绘制电路并仿真

如图 9-11 所示,(a)图为两电源共同作用的情况;(b)图为 E_1 单独作用仿真情况;(c)图为 E_2 单独作用下仿真情况。

现在我们验证一下中间支路(6 Ω 电阻)上的电压与电流:

(a)图:$I = 1.818$ A,$U = 10.91$ V。

(b)图:$I' = 727.3$ mA $= 0.7273$ A,$U' = 4.364$ V。

(c)图:$I'' = 1.091$ A,$U'' = 6.544$ V。

则

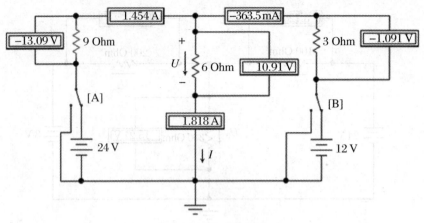

(a) 两电源共同作用时

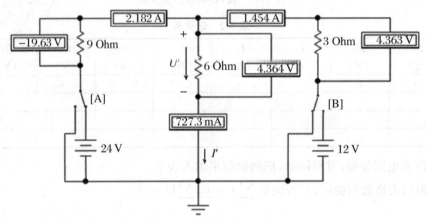

(b) E_1(24 V)单独作用时

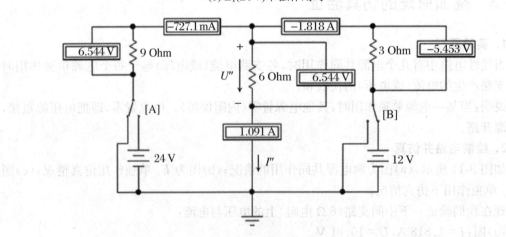

(c) E_2(12 V)单独作用时

图 9-11   叠加原理的仿真验证

$$I' + I'' = 0.7273 + 1.091 = 1.8183 \text{ A}$$
$$I = 1.818 \text{ A}$$
$$U' + U'' = 4.364 + 6.544 = 10.908 \text{ V}$$
$$U = 10.91 \text{ V}$$

即 $I' + I'' \approx I$，$U' + U'' \approx U$。

其他各支路电流和电压同学们可以自己验证。改变电路参数，再进行验证。

9.3.4　感性负载功率因数的提高

1. 功率因数补偿原理

提高感性负载的功率因数的方法是在它两端并连适当电容(欠补偿)，如图 9-12 所示。

电容并联前，因加在 RL 支路上的电压不变，RL 参数未变，所以通过 RL 支路中的电流也不变，但并联 C 后，因增加了电容支路电流，总电流将减小。在图 9-12 中，电容并联前，通过 RL 的电流 I_1 就是总电流 I，即 $I_1 = I$，并联电容器后，总电流 $\dot{I} = \dot{I}_1 + \dot{I}_C$，从相量图知道，$I$ 较并联电容 C 之前减小了，整个电路功率因数角 ϕ 也减小了，即功率因数 $\cos\phi$ 提高了。显然，如果电容选择不恰当，导致 I_C 过大，总电流 $\dot{I}$ 就可能超前电压 $\dot{U}$，使电路处于过补偿而呈电容性。当电容容量等于某一值使 $\phi = 0(\cos\phi = 1)$，此时电路处于谐振状态，此时电路呈电阻性。

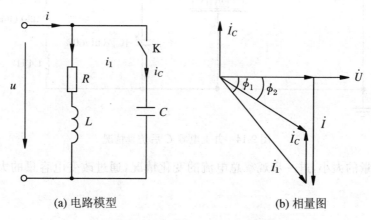

(a) 电路模型　　　　　　　　　　(b) 相量图

图 9-12　功率因数的提高原理分析

2. 电路仿真验证

启动 EWB，打开软件，在工作区绘制电路后分两步进行仿真，电路，首先断开开关 K，按仿真按钮，得到不接电容时电路的参数，如图 9-13 所示。此时回路电流为 397 mA，RC 两端电压为 220 V，流过该支路电流为 396.9 mA，该电流与前面 397 mA 略有不同（实际上应是统一电流），那是因为电压表并联造成误差，请同学们深入思考一下，这是为什么？

接通开关 K，并上电容 C，再按下仿真按钮，此时，仿真结果如图 9-13 所示。由图得到回路总电流为 237 mA，通过 RC 支路电流 396.9 mA，电压表读数指示仍为 220 V。

很明显，回路总电流减小了。

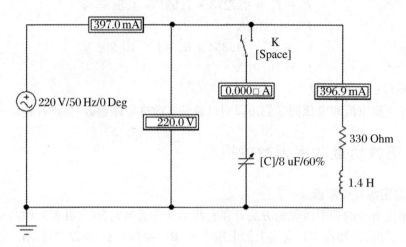

图 9-13　未接电容的仿真情况

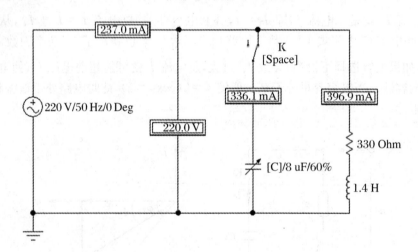

图 9-14　并上电容 C 后仿真情况

　　改变电容量的大小,进一步观察总电流的变化情况,通过改变电容量的大小,你得出什么结论?

参 考 文 献

［1］周绍敏.电工基础[M].北京:高等教育出版社,2006.

［2］高平.电工技术基础与技能[M].北京:中国铁道出版社,2010.

［3］姚年春,侯玉杰.电路基础[M].北京:人民邮电出版社,2010.

［4］邵展图.电子电路基础[M].3 版.北京:中国劳动社会保障出版社,2003.

［5］苏永昌.电工技术基础与技能[M].北京:高等教育出版社,2010.

［6］张洪让.电工基础[M].北京:高等教育出版社,1990.

［7］程周.电工与电子技术[M].2 版.北京:高等教育出版社,2006.

参考文献

[1] 　

[2] 　

[3] 　

[4] 　

[5] 　

[6] 　

[7]